Misganaw Eyassu

O valor económico da biodiversidade para os meios de subsistência locais na Etiópia

Misganaw Eyassu

O valor económico da biodiversidade para os meios de subsistência locais na Etiópia

Em SMNP e arredores, Etiópia: Aplicação do método de avaliação não mercantil

ScienciaScripts

Imprint

Cover image: www.ingimage.com

This book is a translation from the original published under ISBN 978-620-2-06520-7.

Publisher:
Sciencia Scripts
is a trademark of
Dodo Books Indian Ocean Ltd. and OmniScriptum S.R.L publishing group

120 High Road, East Finchley, London, N2 9ED, United Kingdom
Str. Armeneasca 28/1, office 1, Chisinau MD-2012, Republic of Moldova, Europe
Printed at: see last page
ISBN: 978-620-7-85653-4

ÍNDICE DE CONTEÚDOS

DEDICAÇÃO

Esta investigação é dedicada às minhas famílias, que me deram o que eu quero na minha carreira e neste trabalho.

RECONHECIMENTO

Em primeiro lugar e acima de tudo, gostaria de agradecer a Deus Todo-Poderoso por tudo. Em seguida, gostaria de agradecer muito a Akalu Teshome (doutorado) e a Abebe Dagnew (professor assistente) pelo seu apoio gentil e abordagem amigável. Foi ótimo ter-vos a ambos como meus conselheiros e posso dizer que tive sorte em ser aconselhado por vós. Obrigado pelo vosso tempo e pela vossa valiosa orientação/aconselhamento, comentários e sugestões.

Gostaria de aproveitar esta oportunidade para agradecer aos enumeradores de dados que dedicaram o seu tempo à recolha de todos os dados em primeira mão junto dos inquiridos. Os meus agradecimentos vão para os inquiridos pelo seu valioso tempo e paciência em fornecer provas tão importantes. Gostaria também de agradecer a Tefera Berihun (candidata a doutoramento) que me forneceu o software econométrico LIMDEP 8 NLOGIT 3, que me ajudou imenso. Foi quase impossível obter o software, uma vez que não se trata de um software de descarregamento gratuito. s

A minha gratidão vai também para o meu amigo que me ajuda na codificação dos dados e me encoraja. Muito obrigado à minha adorável esposa, Meseret Mehabaw, e ao meu filho angular, Nehemiya Misganaw, pelo vosso amor, coragem e apoio sem reservas.

ACRÓNIMOS E ABREVIATURAS

a.s.l.	Above Sea Level
ACM	Advisory Committee Member
ADO	Agricultural Development Office
ASC	Alternative Specific Constant
BIOECON	Biodiversity and Economics
CART PGC	College of Agriculture and Rural Transformation Post Graduate Committee
CBA	Cost-Benefit Analysis
CBD	Convention on Biological Diversity
CE	Choice Experiment
CGS	Council of Graduate Studies
CGS	Council of Graduate Studies
CS	Consumers Surplus
DFERA	Department for Environment, Food and Rural Affairs
DGC	Departmental Graduate Committee
DPGC	Department of Post Graduate Committee
EGS	Ecosystem Goods and Services
EIBC	Ethiopian Institute for Biodiversity Conservation
EIBCR	Ethiopian Institution of Biodiversity Conservation and Research
EPA	Environmental Protection Agency
EPE	Environmental Policy of Ethiopia
EVRI	Environmental Valuation Research Inventory
EWCA	Ethiopian Wildlife Conservation Authority
FGD	Focus Group Discussion
GDP	Gross Domestic Product
GMP	General Management Plan
HHs	Households
IGA	Income Generating Activities
IIA	Independence of Irrelevant Alternative
IID	Independently and Identically Distributed
IRISH-AID	Irish Aid for International Development
KAs	Kebele Administrations
LIMDEP	Limited Dependent Variables

MA	Millennium Assessment
MDG	Millennium Development Goal
MEA	Millennium Ecosystem Assessment
MNL	Multinomial Logit
MSc.	Master of Science
MWTP	Marginal willingness to Pay
NLOGIT	Nominal Logit
ÖBf	OSTERREICHE BUNDESFOREST AC (German Consulting Company)
OECD	Organization for Environmental Conservation of Diversity
PhD	Philosophy of Doctor
PSNP	Productive Safety Net Programme
RPL	Random Parameter Logit
RUM	Random Utility Maximising
SDC	Sustainable Development Commission
SDPASE	Sustainable Development for Protected Areas System in Ethiopia
SMNP	Simien Mountains National Park
TEEB	The Economics of Environment and Biodiversity
UNEF	United Nations Emergency Force
UNEP	United Nations Environmental Programme
WEHAB	Water, Energy, Health, Agriculture and Biodiversity
WRI	World Resource Institute
WTA	Willingness to Accept
WTP	Willingness to Pay
WWF	World Wide Fund for Nature

RESUMO

O Valor Económico da Biodiversidade para os Meios de Subsistência Locais no Parque Nacional das Montanhas Simien e nas suas imediações, Etiópia: Application of Non-Market Valuation Method O Parque Nacional das Montanhas de Simien (SMNP) é um dos patrimónios naturais mundiais inscritos devido aos seus mamíferos endémicos, à sua bela paisagem e aos seus recursos naturais dotados de uma rica biodiversidade. Embora o SMNP esteja incluído na lista de recursos naturais ameaçados pelo Comité do Património Mundial, continua a ter uma importância significativa e é uma fonte de valores de uso e de não uso. No entanto, devido a problemas induzidos pelo homem, o seu valor está a deteriorar-se de tempos a tempos. Para além da degradação, o valor económico da biodiversidade não é conhecido, uma vez que existem poucos ou nenhuns estudos. Assim, este estudo é muito útil para estimar o valor económico e a contribuição da biodiversidade para a melhoria dos meios de subsistência locais no PNSM e nas suas imediações. Para o efeito, este estudo utilizou o método de avaliação experimental de escolha para estimar e analisar o valor económico da biodiversidade utilizando quatro atributos da biodiversidade, nomeadamente fauna e flora, serviços ecossistémicos, instalações turísticas e desenvolvimento de infra-estruturas e pagamento monetário. Para responder ao objetivo do estudo, foram recolhidos dados primários de 203 inquiridos, identificando quatro atributos da biodiversidade, utilizando cinco conjuntos de escolha cada um e um total de 1015 observações. Os dados recolhidos foram analisados utilizando o software econométrico LIMPED8.0 NLOGIT3.0. O resultado descritivo do estudo revelou que 89,2% dos inquiridos consideraram que existe uma elevada degradação da biodiversidade na zona. De acordo com a resposta dos inquiridos, as principais causas da perda de biodiversidade são a invasão agrícola, a desflorestação e o sobrepastoreio. Como resultado da perda de biodiversidade, 34,5% dos inquiridos consideram que a produção e a produtividade agrícolas diminuem periodicamente e são afectadas pelos efeitos adversos das alterações climáticas. Consequentemente, a comunidade local muda as suas opções de subsistência da agricultura para outras fontes de rendimento. Embora se verifique uma elevada degradação da biodiversidade na área de estudo, a criação do PNSM contribui para reduzir a vulnerabilidade socioeconómica e dos meios de subsistência da comunidade local. 94,5% dos inquiridos consideram que a vulnerabilidade diminuiu após a criação do parque nacional. Isto deve-se ao facto de a comunidade local ter começado a beneficiar de serviços turísticos, oportunidades de emprego, infra-estruturas e clima moderado. Para estimar os valores da biodiversidade em termos monetários, foram utilizados modelos logit multinomial e logit de parâmetros aleatórios para analisar os dados recolhidos. A partir do resultado da análise, estimou-se a disponibilidade marginal para pagar e o impacto no bem-estar do inquirido. Todos os atributos foram significativos para afetar a probabilidade de escolha de cenários alternativos e tinham o sinal esperado. O resultado do estudo revelou que a comunidade local está disposta a pagar anualmente 587,03, 391,62 e 195,41 birr para cenários de grande impacto, médio impacto e baixo impacto, respetivamente. Além disso, o excedente compensatório estimado (bem-estar) para o cenário de melhoria de baixo impacto, o cenário de melhoria de médio impacto e o cenário de melhoria de alto impacto foi de 7.930.457,50, 15.886.470,95 e 23.812.871,95 Birr por ano, respetivamente. Por conseguinte, é aconselhável tomar medidas para melhorar o estado da biodiversidade do PNSM e da sua zona-tampão, em prol da melhoria do bem-estar da sociedade em particular e do seu valor significativo para o globo em geral.

Palavras chave: Experiência de escolha, Valor Económico da Biodiversidade, Disposição Marginal a Pagar, Excedente de Compensação, Bem-Estar, Avaliação Económica.

1. INTRODUÇÃO

1.1. Antecedentes

A biodiversidade é importante para os seres humanos por várias razões. Em termos económicos, podemos pensar que contribui para diferentes elementos do "Valor Económico Total", que inclui valores de utilização e de não utilização, Department for Environment, Food and Rural Affairs (DEFRA, 2008). A biodiversidade desempenhou um papel tremendo na manutenção da vida do ser humano através da prestação de serviços ecossistémicos e da manutenção da ecologia para que seja confortável para o ser humano viver. A biodiversidade oferece múltiplas oportunidades de desenvolvimento e de melhoria do bem-estar humano.

Para os seres humanos, a biodiversidade proporciona muitos benefícios importantes, incluindo segurança alimentar, redução da vulnerabilidade a desastres naturais, segurança energética e acesso a água potável e matérias-primas (GreenFacts, 2005). A biodiversidade é fundamental para a sustentabilidade dos meios de subsistência humanos actuais e futuros (Gatzweiler, 2006). Ao assegurar o funcionamento correto dos ecossistemas que geram um fluxo de bens e serviços ecossistémicos, a biodiversidade é vista como essencial para o bem-estar humano (Costanza, 2007).

De acordo com Shah (2014), pelo menos 40% da economia mundial e 80% das necessidades dos pobres são derivadas de recursos biológicos. Além disso, quanto mais rica for a diversidade da vida, maior será a oportunidade para descobertas médicas, desenvolvimento económico e respostas adaptativas a novos desafios como as alterações climáticas.

O relatório do World Resources Institute (WRI, 2005) demonstra que as famílias rurais obtêm uma parte significativa do seu rendimento total dos bens e serviços dos ecossistemas. A nível mundial, o WRI estima que 1,6 mil milhões de pessoas dependem de alguma forma dos ecossistemas florestais para o seu rendimento ambiental. De acordo com Wunder, 2014, as florestas naturais fornecem 21,1% do rendimento total dos agregados familiares (outro 1% provém de plantações florestais); 6,4% provêm de ambientes não florestais (pousios, arbustos, pastagens, etc.), o que faz com que o rendimento ambiental combinado seja de 27,5%.

Christie (2006) mencionou que quase todos os países do globo, especialmente os países menos desenvolvidos, dependem da biodiversidade de uma forma ou de outra; as pessoas pobres dependem da biodiversidade como uma contribuição direta para a sua subsistência, rendimento e outras necessidades de subsistência, e como uma fonte de proteção contra riscos e seguros.

Do mesmo modo, a biodiversidade presta serviços gratuitos no valor de centenas de milhares de milhões de Birr etíopes todos os anos, o que é crucial para o bem-estar da sociedade etíope. Quase 85% da população da Etiópia vive em zonas rurais, e uma grande parte desta população depende direta ou indiretamente dos recursos naturais. Assim, a biodiversidade tem uma ligação direta com a pobreza, o desenvolvimento sustentável, a melhoria dos meios de subsistência locais, a geração de rendimentos e muito mais, tanto nos países em desenvolvimento como nos países desenvolvidos do globo, Instituto Etíope de Conservação da Biodiversidade (EIBC, 2016).

Assim, a avaliação económica da biodiversidade é importante, uma vez que proporciona um veículo útil para destacar e quantificar a gama de benefícios proporcionados pela biodiversidade. É importante salientar que a atribuição de valores monetários à biodiversidade e aos seus serviços ecossistémicos colocará a biodiversidade numa moeda comum para utilização na tomada de decisões, permitindo que os seus benefícios sejam diretamente comparados com outras trajectórias de desenvolvimento (Christie, et al., 2008).

No entanto, não existem muitos estudos sobre o valor económico da biodiversidade estudados para obter explicitamente o seu valor económico total, especialmente nos países menos desenvolvidos do mundo.

De acordo com os estudos de avaliação da biodiversidade do Departamento do Ambiente, da Alimentação e dos Assuntos Rurais (DEFRA), revistos em 2008, foram identificados 1686 estudos (redigidos em inglês) que valorizavam a biodiversidade, através de pesquisas na base de dados Environmental Valuation Research Inventory (EVRI), consultada em (http://www.evri.ca/). Destes estudos, 1487 (88,4%) eram de países com rendimentos elevados ou médios-altos e 195 (11,5%) eram de países em desenvolvimento. Dos estudos realizados em países em desenvolvimento, 94 (5,6%), 101 (5,9%), 0 (0%) estudos eram de países de rendimento médio inferior, de rendimento inferior e de países com economias de transição, respetivamente. Destes estudos realizados em países em desenvolvimento, 48% foram realizados na Ásia, 17% em África e 6% na América do Sul (DEFRA, 2008).

A análise acima mostra que existe uma enorme lacuna na avaliação económica da biodiversidade nos países em desenvolvimento, especialmente em África.

Na Etiópia, de acordo com os nossos conhecimentos, não foram feitas quaisquer tentativas, ou foram poucas, para conhecer o valor económico total da biodiversidade e o seu papel nos meios de subsistência locais. No entanto, foram feitas tentativas para conhecer os benefícios de diferentes ecossistemas (como os ecossistemas de montanha e de zonas húmidas), a importância dos locais de ecoturismo, o valor recreativo dos parques e outros ecossistemas de zonas húmidas, utilizando diferentes métodos de avaliação ambiental.

O valor económico da biodiversidade do Parque Nacional das Montanhas Simien (SMNP) e da sua zona tampão ainda não foi estudado, à exceção de alguns estudos que se centram no valor recreativo e no valor do sítio ecoturístico da montanha, na conservação do Walia idex[1] e em alguma disponibilidade para pagar práticas de conservação utilizando métodos de avaliação contingente, experimental e de custos de viagem.

No entanto, todos os estudos não tentaram conhecer o valor económico total da biodiversidade e o seu papel na melhoria dos meios de subsistência locais na área de estudo. Assim, devido a este problema de avaliação, é difícil estimar o valor económico anual da biodiversidade, bem como o valor económico total da biodiversidade para o Produto Interno Bruto (PIB) na Etiópia em geral e na área de estudo em particular.

1 O Ibex de Walia é um tipo de cabra que vive a 2500-4500M de altitude nos penhascos íngremes das terras altas da Etiópia, no SMNP, e em nenhum outro lugar do mundo.

Assim, o principal objetivo deste estudo é estimar o valor económico e a contribuição da biodiversidade para a melhoria dos meios de subsistência locais das pessoas que vivem no PNSM e na sua zona tampão, utilizando o método de avaliação experimental de escolha.

Este estudo também é importante para indicar os factores socioeconómicos da perda de biodiversidade e os mecanismos de sobrevivência da comunidade local para ultrapassar os esforços negativos da perda de biodiversidade.

1.2. Declaração do problema

A literatura atualmente disponível explica que o valor económico da biodiversidade para o bem-estar humano é vital. Para saber exatamente qual a sua importância na economia, foram utilizados diferentes métodos de avaliação por diferentes investigadores e instituições, como a The Economics of Environment and Biodiversity (TEEB) e o Department for Environment, Food and Rural Affairs (DEFRA).

A biodiversidade do PNSM e dos seus arredores é fonte de serviços ecossistémicos de apoio à vida, tanto para as pessoas que vivem no parque nacional e nas suas imediações como para as que vivem a jusante da sua bacia hidrográfica.

O Plano Geral de Gestão do Parque Nacional das Montanhas Simien (GMP, 2009) afirma que, para além da lacuna de avaliação, a perda de biodiversidade é também uma das maiores ameaças do parque nacional. A maior parte das ameaças ao PNSM são de origem humana, como o aumento da população humana e de animais domésticos, a invasão agrícola, a desflorestação, a degradação dos solos, as alterações climáticas e a diminuição do número de mamíferos emblemáticos (GMP, 2009). Devido a estas ameaças de origem humana e a outros desafios do parque nacional, o comité do património mundial inscreveu o parque nacional como um dos sítios do património natural em perigo no mundo desde 1996.

De acordo com o Instituto Etíope para a Conservação da Biodiversidade (2011), as pessoas pobres, as mulheres e as comunidades marginalizadas são altamente vulneráveis aos impactes da perda de biodiversidade. Assim, para garantir os seus meios de subsistência, é imperativo que as questões de perda de biodiversidade sejam abordadas como uma preocupação fundamental para o desenvolvimento.

É evidente que, para recuperar e conservar as perdas de biodiversidade de qualquer ecossistema, é extremamente importante saber exatamente quanto a comunidade local está disposta a pagar pela conservação ou a aceitar como compensação.

Como já foi referido, embora a biodiversidade do PNSM tenha uma importância significativa para a melhoria dos meios de subsistência locais em muitos aspectos, o seu papel e valor económico foram pouco estudados. Foram realizados alguns estudos sobre o ecossistema do PNSM e o seu valor recreativo utilizando o custo de viagem, métodos de avaliação contingente e métodos de avaliação por escolha, por exemplo, a avaliação da conservação do íbex de Walia: uma aplicação do método de avaliação por experiência de escolha, uma análise da avaliação económica através do método de avaliação contingente no parque nacional das montanhas de Simien (PNSM), Etiópia, a avaliação do benefício económico de áreas de ecoturismo com métodos de custo de viagem e de experiência de escolha: um estudo de caso do parque nacional das montanhas de Sémen, Etiópia". No entanto, todos estes estudos se centram apenas na importância do turismo e nas funções relacionadas com o turismo do SMNP, mas não no papel da biodiversidade para outras comunidades regulares que não estão envolvidas em actividades turísticas.

Por conseguinte, é muito difícil saber exatamente em que medida a comunidade local será afetada devido à perda de biodiversidade, uma vez que não existem ou existem muito poucos estudos sobre o valor económico da biodiversidade na área de estudo. Além disso, é difícil estimar como a comunidade local está a sofrer com o problema da insegurança alimentar, afetada pelas alterações climáticas e forçada a mudar as opções de subsistência devido à perda de biodiversidade. Devido a esta limitação dos estudos no sector, não foi possível conceber um mecanismo de resposta adequado ao risco e à vulnerabilidade da comunidade local e também não foi possível sugerir uma estratégia de conservação adequada em relação à biodiversidade.

Embora a biodiversidade seja muito importante para as pessoas que vivem no parque nacional e nos seus arredores, o seu papel e valor económico ainda não foram estudados em profundidade.

Tendo em conta este contexto, este estudo empírico estima o valor económico da biodiversidade para a melhoria dos meios de subsistência locais no PNSM e nas suas imediações, utilizando o método de avaliação experimental de escolhas e seleccionando atributos específicos da biodiversidade. Este estudo é bastante diferente de outros estudos semelhantes realizados na área de estudo. Alguns estudos realizados no PNSM e nas suas imediações centraram-se na avaliação dos ecossistemas em geral e não na biodiversidade em particular, utilizando métodos de custos contingentes e de deslocação. Por conseguinte, este estudo é diferente de outros estudos semelhantes, tanto no que respeita ao método de avaliação utilizado como às questões a abordar. O estudo também ajuda a conhecer os factores socioeconómicos da perda de biodiversidade e os mecanismos de sobrevivência/estratégias de subsistência das comunidades locais durante o período de inatividade.

1.3. Objetivo da investigação

Para conceber uma estratégia de conservação adequada, é bom conhecer o valor económico (valor de mercado e não mercado) da biodiversidade. Para tal, foram definidos os seguintes objectivos gerais e específicos para este estudo. Estes objectivos podem captar a importância da biodiversidade para os meios de subsistência locais, a redução da pobreza, a segurança alimentar e outros valores de não-uso e o montante dos valores de uso.

1.3.1. Objetivo geral

O principal objetivo do estudo é avaliar e estimar o valor económico da biodiversidade para os meios de subsistência das pessoas que vivem no SMNP e nas suas imediações, Estado Regional de Amhara, Zona Norte de Gondar, Etiópia.

1.3.2. Objectivos específicos

Para além do objetivo geral, este estudo pretende avaliar os seguintes objectivos específicos

- Identificar as características socioeconómicas que agravam a perda de biodiversidade,
- Avaliar as estratégias de subsistência das comunidades locais para melhorar e assegurar os seus meios de subsistência e conservar a biodiversidade na área de estudo.
- Estimar o valor económico da biodiversidade para os meios de subsistência locais no PNSM e nas suas imediações, utilizando uma análise baseada em cenários,

1.4. Questões de investigação

A principal questão de investigação a que se pretende dar resposta é a seguinte

❖ Quais são os valores económicos da biodiversidade para as oportunidades de subsistência das comunidades locais que vivem no PNSM e nas suas imediações?

As sub-perguntas à pergunta anterior são as seguintes:

❖ Como é que as comunidades que viviam anteriormente no Parque Nacional e nas suas imediações são afectadas pela criação do Parque Nacional?

❖ Como se compara a atual vulnerabilidade socioeconómica com a vulnerabilidade socioeconómica e dos meios de subsistência das comunidades no PNSM e nas suas imediações? (Em relação à perda de acesso à propriedade comum e à desarticulação social, utilizando a comparação simples da comunidade numa base qualitativa),

❖ Como é que a comunidade local está disposta a conservar e/ou a participar nos esforços de conservação do parque nacional (em relação à contribuição da comunidade para a conservação, à vontade de se deslocar, à vontade de aceitar uma indemnização, etc.)?

1.5. Importância da investigação

A biodiversidade tem uma importância significativa para os meios de subsistência da comunidade local que vive nas zonas protegidas e nas suas imediações. No entanto, o valor económico da maioria das áreas protegidas e/ou parques nacionais da Etiópia não está devidamente estudado. Foram realizados poucos estudos sobre a importância de alguns ecossistemas e zonas húmidas por diferentes investigadores. No entanto, estes estudos centraram-se num ecossistema específico e no valor desse ecossistema, mas não no valor económico da biodiversidade para a economia familiar no ecossistema em particular.

Por conseguinte, este estudo permite conhecer o valor económico e o papel da biodiversidade para melhorar a subsistência da comunidade local que vive no parque nacional e nas suas imediações e, mais importante ainda, é importante conhecer a relação entre a biodiversidade e a subsistência local no parque nacional/áreas protegidas e nas suas imediações.

Este estudo também ajuda a compreender os factores determinantes da perda de biodiversidade nas áreas protegidas e nas suas imediações, e também ajuda a estimar em que medida a comunidade local é afetada pelas perdas de biodiversidade e como lida com elas.

Este estudo empírico pode ajudar a conceber estratégias para abordar os determinantes e os factores associados à perda de biodiversidade nas áreas protegidas e nas suas imediações através de uma estratégia de intervenção integrada.

Ajudará também a identificar as oportunidades locais de subsistência e a sua correlação com a biodiversidade nas áreas protegidas e nas suas imediações, o que poderá ajudar a promover as opções de subsistência mais respeitadoras do ambiente e mais viáveis na área de estudo.

Além disso, esta investigação pode tornar-se uma referência para aqueles que pretendem estudar os factores determinantes da perda de biodiversidade, bem como a contribuição da biodiversidade para as oportunidades de subsistência local no PNS e nas suas imediações, em particular, e pode servir de trampolim para os decisores políticos e investigadores a nível nacional no que respeita às áreas protegidas.

1.6. Âmbito e limitações da investigação

1.6.1. Âmbito do estudo

Devido à limitação de recursos e de tempo, apenas quatro atributos foram utilizados no modelo experimental de escolha. Este facto pode limitar as conclusões do estudo e não permite comparar os resultados com outros métodos de avaliação. Além disso, o estudo abrangeu apenas quatro distritos, nomeadamente Debark, Debark Zuria, Janamora e Beyeda, em vez de incluir todos os distritos da Zona Norte de Gondar da região. Além disso, foram entrevistados apenas 203 inquiridos de um total de 9508 famílias de 9 KAs.

No entanto, a recomendação e/ou sugestão gerada a partir do estudo poderia fornecer informação adequada aos decisores políticos para conceberem políticas a nível nacional em relação à biodiversidade e ao seu efeito económico multifacetado na comunidade local. Além disso, o resultado desta investigação teria implicações importantes para os diferentes actores do desenvolvimento no sistema de áreas protegidas na Etiópia, especialmente em áreas com zonas ecológicas semelhantes.

1.6.2. Limitações do estudo

Embora o papel e a importância da biodiversidade sejam significativos nos países em desenvolvimento, o valor económico da biodiversidade e o seu papel em nações menos desenvolvidas como a Etiópia não foram bem estudados. Foi difícil para esta investigação obter literatura e outras referências sobre o tema da investigação e/ou trabalhos relacionados centrados na área de estudo. Assim, pode ser difícil comparar os resultados do estudo com outros resultados.

Embora outros estudos relacionados sejam limitados, para atingir os objectivos deste estudo, foram recolhidos diferentes dados primários e secundários de diferentes fontes. No entanto, devido à indisponibilidade e/ou limitação de dados secundários adequados (especialmente dados de séries cronológicas), para além da involuntariedade dos inquiridos em fornecer informações mais relevantes, este estudo pode ter limitações. Além disso, uma vez que os dados primários foram recolhidos utilizando unidades de medida locais, podem ocorrer alguns erros quando convertidos em unidades internacionais. A parcialidade do inquirido devido ao receio de pagar impostos e outras obrigações governamentais também pode reduzir a exatidão da investigação.

Para além das limitações gerais acima referidas, as seguintes limitações específicas podem afetar os resultados do presente estudo.

- A perceção dos inquiridos sobre a importância da biodiversidade e o seu papel na melhoria dos meios de subsistência,
- Conhecimento e experiência limitados dos inquiridos na estimativa do valor monetário da biodiversidade e de outros bens e serviços ambientais complexos,

Apesar de todas estas limitações, foi feito um esforço máximo para tornar o estudo plausível e útil como trampolim para outros investigadores e decisores políticos.

1.7. Organização do documento

Este trabalho de investigação foi organizado em cinco capítulos principais. A introdução e os antecedentes, o objetivo da investigação, o enunciado do problema, o âmbito, as limitações e a questão de investigação foram apresentados em pormenor no primeiro capítulo. O capítulo seguinte (capítulo dois) deste documento tentou cobrir a parte da revisão da literatura da investigação que abrange o quadro teórico, o conceito de biodiversidade, a avaliação dos recursos ambientais e, mais importante, a literatura empírica do conhecimento existente sobre o tema da investigação.

O terceiro capítulo do presente documento aborda os dados e a metodologia de investigação utilizados neste estudo. Neste capítulo, são abordados a área de estudo, o tipo e as fontes de dados, a técnica e a dimensão da amostragem, o método de avaliação experimental por escolha e a especificação do modelo econométrico. Além disso, o procedimento e as etapas da conceção da experiência de escolha foram abordados neste capítulo. Os resultados empíricos, as discussões e o resumo, a conclusão e a recomendação são apresentados em pormenor nos capítulos quatro e cinco, respetivamente.

2. REVISÃO DA LITERATURA

Nesta secção, os conhecimentos actuais disponíveis sobre o tema da investigação foram analisados a partir de diferentes fontes. No entanto, como não existem estudos semelhantes realizados na área de estudo e/ou na Etiópia, a revisão centrou-se nos conhecimentos disponíveis a nível mundial a partir de diferentes motores de busca.

2.1. Enquadramento Teórico e Conceito de Valor Económico da Biodiversidade

Uma vez que a biodiversidade engloba organismos vivos que suportam a vida, a perda de biodiversidade ameaçará o bem-estar do ser humano e, por conseguinte, a conservação da Mãe Natureza está a tornar-se uma das estratégias de desenvolvimento da comunidade mundial. Por conseguinte, a biodiversidade e a conservação da biodiversidade tornaram-se atualmente uma preocupação prioritária de todas as nações, tanto nos países desenvolvidos como nos países em desenvolvimento, a fim de obter serviços ecossistémicos para o sustento da comunidade. Conceptualmente, tudo está ligado e a biodiversidade é toda a vida diferente da terra e, a partir da biologia diversa, o ser humano obteve diferentes serviços ecossistémicos. Por conseguinte, para manter estes serviços ecossistémicos, poderá ser necessário adotar uma abordagem de conservação mais adequada, económica e baseada na comunidade. Uma vez que se trata de um conceito complexo e não de uma entidade física única, a biodiversidade não pode ser captada "diretamente", mas apenas através da utilização de proxies ou indicadores. Por conseguinte, os estudos de avaliação económica que visam atribuir um valor à biodiversidade escolhem abordagens muito divergentes e utilizam diferentes indicadores para aproximar este conceito inerentemente abstrato e complexo (Meinard e Grill, 2011).

Acredita-se frequentemente que a biodiversidade é economicamente valiosa, mas não é claro de onde provém o seu valor. Até à data, vários estudos de avaliação económica visaram a biodiversidade de formas muito diversas, mas não existe um quadro coerente para a avaliar (Bartkowski, 2016).

Nesta parte, o conceito de valor económico da biodiversidade e o seu quadro teórico são revistos e discutidos. Além disso, a importância da biodiversidade e o seu papel no bem-estar do ser humano são discutidos com base na literatura atual.

2.1.1. Conceito de biodiversidade

A biodiversidade pode ser descrita em termos de genes, espécies e ecossistemas, correspondendo a três níveis fundamentais e hierarquicamente relacionados de organização biológica (Preace, *et al.*, 2014).

A biodiversidade reflecte a hierarquia de níveis crescentes de organização e complexidade nos sistemas ecológicos a diferentes níveis, ou seja, genes, indivíduos, populações, espécies, comunidades, ecossistemas e biomas. São as comunidades de organismos vivos que interagem com o ambiente abiótico que constituem e caracterizam os ecossistemas. Os ecossistemas são variados tanto em tamanho como, indiscutivelmente, em complexidade, e podem estar aninhados uns nos outros (Bharker *et al.*, 2010).

A diversidade biológica, abreviadamente designada por biodiversidade, refere-se à variedade de formas de vida a todos os níveis de organização, desde o nível molecular até ao nível da paisagem. Pode ser descrita como a totalidade dos genes, espécies e ecossistemas de uma região. A riqueza da vida na Terra atual é o produto de centenas de milhões de anos de história evolutiva. Ao longo do tempo, as culturas humanas surgiram e adaptaram-se aos ambientes locais, descobrindo, utilizando e alterando os seus recursos bióticos. Muitas áreas que agora parecem "naturais" têm as marcas de milénios de habitação humana, cultivo de culturas, colheita de recursos e produção de resíduos. A domesticação e a criação de variedades locais de culturas e gado afectaram ainda mais a biodiversidade (Dale, 2014).

Por conveniência, a biodiversidade pode ser dividida em três categorias hierárquicas: genes, espécies e ecossistemas. A diversidade genética refere-se à variação de genes dentro das espécies, a diversidade de espécies é a variedade de espécies dentro de uma região e a diversidade de ecossistemas é a diversidade de comunidades e ecossistemas, o seu número e distribuição (Ibid). A biodiversidade está na base dos bens e serviços essenciais que os ecossistemas fornecem e tem valor para utilizações actuais, possíveis utilizações futuras (valores de opção) e valor intrínseco (PNUA, 2010).

2.1.2.. Importância económica da biodiversidade

A biodiversidade tem uma enorme importância para o ser humano em muitos aspectos, especialmente para obter a maioria dos serviços ecossistémicos. A biodiversidade pode desempenhar três papéis diferentes nos serviços ecossistémicos: como regulador dos processos ecossistémicos, como serviço ecossistémico final ou como um bem (Mace *et al.*, 2012).

De acordo com a Irish Aid (2016), a biodiversidade fornece à humanidade vários bens e serviços cujo valor raramente é tido em conta na elaboração de políticas, em parte porque é difícil quantificar os benefícios em termos financeiros. A biodiversidade e os serviços ecossistémicos são essenciais para a produtividade da agricultura, das florestas e das pescas. De acordo com o Objetivo de Desenvolvimento do Milénio (ODM1), os bens e serviços ecológicos permitem que as pessoas obtenham meios de subsistência e rendimentos de paisagens naturais e geridas. A biodiversidade é a fonte de "bens e serviços ecossistémicos", que vão desde alimentos, materiais de construção e medicamentos até à regulação do clima e ao abastecimento de água potável (IRISH-AID, 2016).

O ambiente natural pode ser considerado como uma teia de aranha: está intrinsecamente ligado a muitos níveis e desempenha frequentemente múltiplos papéis através dos bens e serviços fornecidos pelos activos naturais. Os valores que atribuímos a estes bens naturais estão intrinsecamente ligados ao ambiente natural e podem variar consoante as necessidades e desejos da sociedade. As diferentes utilizações do ambiente natural são frequentemente conflituosas e constituem um contexto difícil para determinar quais os valores que valem mais. O ambiente construído é altamente valorizado para fornecer abrigo, sustento (alimentos e água), transporte e acesso, segurança, cuidados de saúde, proteção da propriedade, educação, oportunidades de comércio, eletricidade e necessidades sociais. A sobrevivência da civilização depende diretamente do ambiente construído e dos seus bens e muitas sociedades colocam expectativas quanto às infra-estruturas e serviços que devem ser fornecidos (Kirkpatrick, 2011).

Figura 1: Abordagem metodológica para a avaliação da biodiversidade

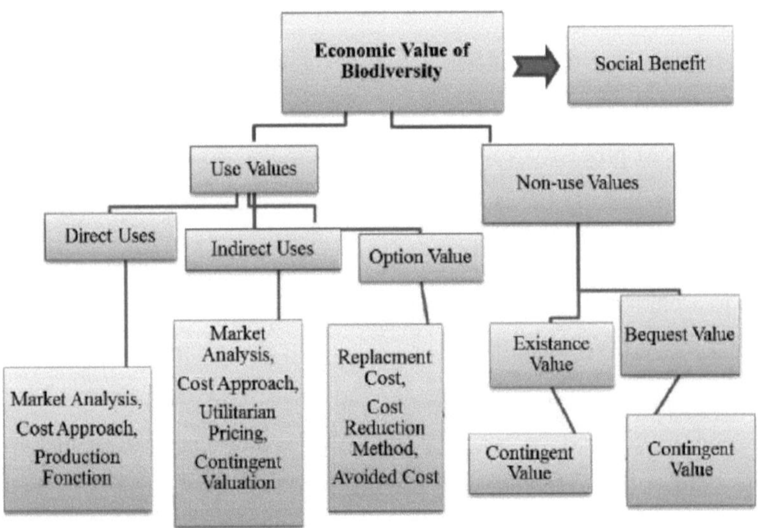

Fonte: Adotado de Demir, 2013

O quadro acima apresenta a abordagem metodológica da avaliação da biodiversidade utilizando o método de avaliação indireta e não mercantil. Procurou abordar tanto os valores de uso e não uso da biodiversidade como os benefícios sociais da biodiversidade.

A importância da biodiversidade é enorme; cada espécie tem uma função específica num ecossistema. Algumas espécies podem captar energia de várias formas, os ecossistemas contribuem para melhorar a produção de recursos e algumas também prestam serviços reais, como a purificação do ar e da água, a moderação do clima e o controlo da chuva ou da seca e outras catástrofes ambientais. Obviamente, todas estas importantes funções são fundamentais para a sobrevivência humana. Quanto mais variado for o ecossistema, ou seja, quanto maior for a biodiversidade, maior será a sua resistência ao stress ambiental. A biodiversidade é como um grande reservatório, do qual o homem pode retirar alimentos, produtos farmacêuticos e até cosméticos. A biodiversidade é uma "garantia" de vida no nosso Planeta e, por isso, deve ser protegida a todo o custo, porque é um património universal que pode oferecer vantagens imediatas aos seres humanos. A importância económica da biodiversidade para o ser humano pode ser resumida da seguinte forma: A biodiversidade oferece alimentos, é de importância fundamental na medicina, tem um papel notável também na indústria de fabrico de fibras têxteis, é uma fonte de riqueza também no sector do turismo e das actividades recreativas, etc. (www.eniscuola.net).

Quadro 1: Serviços ecossistémicos do quadro da Avaliação dos Ecossistemas do Milénio

Categoria	Descrição
Serviços de aprovisionamento	Produtos obtidos dos ecossistemas, por exemplo, alimentos, combustível, materiais de construção.
Serviços de regulação	Benefícios obtidos com a regulação dos processos ecossistémicos, por exemplo, regulação do clima, purificação da água.
Serviços de apoio	Estes são necessários para a produção de todos os outros serviços ecosistémicos. Eles diferem dos serviços de aprovisionamento, regulação e culturais na medida em que os seus impactos nas pessoas são muitas vezes indirectos ou ocorrem durante muito tempo, enquanto que as mudanças nas outras categorias têm impactos relativamente directos e a curto prazo nas pessoas.
Serviços culturais	Benefícios não materiais que as pessoas obtêm dos ecossistemas e da paisagem através do enriquecimento espiritual, da reflexão, do lazer e de experiências estéticas. Inclui também o valor que as pessoas atribuem à existência de plantas e animais.

Fonte: (DEFRA, 2008)

A tabela acima detalha o tipo de resumo dos serviços ecossistémicos para o ser humano. De acordo com a tabela, o ecossistema tem serviços de provisão, serviços de regulação, serviços de apoio e serviços culturais.

No entanto, a degradação e a perda de biodiversidade tornaram-se uma grande ameaça para o ser humano obter serviços ecosistémicos de forma sustentável. As pessoas pobres dependem muitas vezes diretamente desses bens e serviços numa base diária para a sua subsistência ou rendimento. Os pobres são, por conseguinte, os mais afectados pela degradação dos ambientes e pela perda de biodiversidade, uma vez que isso diminui a qualidade e a quantidade de bens e serviços de que dispõem (as pessoas mais ricas podem muitas vezes adquirir substitutos) (IRISH-AID, 2016).

Embora a degradação da biodiversidade seja elevada e o seu efeito seja significativo, continua a ser importante para o ser humano devido aos valores insubstituíveis obtidos a partir dos bens e serviços dos ecossistemas. De acordo com a Avaliação Ecossistémica do Milénio, as vendas globais de produtos derivados de recursos genéticos (produtos farmacêuticos, medicamentos botânicos, grandes culturas, horticultura, produtos de proteção das culturas, cosméticos e produtos de higiene pessoal, e uma vasta gama de biotecnologias) situam-se entre 500 e 800 mil milhões de dólares americanos por ano (MA, 2006).

2.2. Valorização dos recursos ambientais

A avaliação económica ambiental é utilizada para atribuir um valor aos bens e serviços fornecidos pelo ambiente natural (Kirkpatrick, 2011).

O ambiente pode ser avaliado monetariamente com os seguintes três grupos distintos de técnicas: preferência revelada, preferência declarada, e técnicas de avaliação direta do mercado. As técnicas de avaliação direta do mercado dividem-se no preço de mercado (o valor monetário dos bens e serviços que podem ser comprados e vendidos em mercados comerciais) e na sua função de produção (uma estimativa da contribuição de um determinado serviço ecossistémico para a produção de outro bem comercializável) (Bertram e Rehdanz, 2013).

Os ecossistemas terrestres prestam serviços valiosos de apoio à vida humana. Desde antes do desenvolvimento da agricultura, há milhares de anos, têm sido modificados e geridos para satisfazer as necessidades e os desejos dos seres humanos. Isso não implica que possam ou tenham de ser economicamente valorizados, e a quantificação e a avaliação económica dos serviços económicos continuam a ser controversas (Sagoff, 2011).

Os conceitos e métodos para valorizar os ecossistemas e a biodiversidade têm vindo a surgir progressivamente e as suas raízes podem ser encontradas no núcleo da teoria económica do valor (Gomez-Baggethum *et al.*, 2010).

2.2.1. Valorização da biodiversidade

A estimativa do valor dos vários serviços e benefícios que os ecossistemas e a biodiversidade geram pode ser feita com uma variedade de abordagens de avaliação. Todas elas têm as suas vantagens e desvantagens (TEEB, 2010).

De acordo com a teoria económica neoclássica, os preços de mercado são geralmente uma referência adequada para o valor que a sociedade atribui aos bens e serviços. Se um bem ou serviço tiver valor, um indivíduo estará disposto a pagar para o adquirir ou a aceitar uma indemnização pela sua perda ou dano (Kirkpatrick, 2011).

A atribuição de valores monetários à biodiversidade é importante, uma vez que permite que os benefícios associados à biodiversidade sejam diretamente comparados com o valor económico de opções alternativas de utilização dos recursos. Se tal não for feito, pode resultar numa perda de biodiversidade e dos serviços ecossistémicos que lhe estão associados. Por exemplo, um relatório recente da ONU concluiu que grande parte dos 20 milhões de quilómetros quadrados de terra e mar designados por alguma forma de área protegida não estão atualmente a ser geridos de forma eficaz (ONU, 2007).

A avaliação da biodiversidade é claramente um passo importante para reconhecer a importância da biodiversidade para as pessoas e trazer a biodiversidade para o domínio da tomada de decisões e da política. No entanto, a investigação sobre a avaliação da biodiversidade nos países em desenvolvimento está a dar os primeiros passos e são necessários mais esforços de investigação (DEFRA, 2008).

Nos últimos anos, tem sido efectuada uma investigação considerável para examinar a forma como as pessoas valorizam a biodiversidade (Christie *et al.*, 2007). A maioria desses trabalhos foi realizada no mundo desenvolvido, com aplicação limitada nos países em desenvolvimento (Beukering *et al.*, 2007). Há, no entanto, uma série de desafios significativos associados à valorização da biodiversidade utilizando técnicas económicas ambientais disponíveis no contexto de um país em desenvolvimento. Esses desafios incluem baixos níveis de alfabetização; a alta dependência de economias de subsistência; falta de capacidade de investigação local; falta de capacidade de sensibilização para a importância da biodiversidade; alta diversidade cultural; e fortes valores espirituais e culturais associados à biodiversidade. Estes problemas podem significar que, se forem utilizados métodos inadequados, poderá ser apresentada uma imagem distorcida do valor da biodiversidade para os países em desenvolvimento, resultando numa menor eficácia da afetação de recursos e das políticas de redução da pobreza e de conservação da biodiversidade. A utilização de técnicas não económicas (como questionários, grupos de discussão, abordagens de avaliação participativa) para avaliar a importância da biodiversidade tem sido sugerida como uma forma possível de abordar algumas destas questões. No entanto, não é claro como essas técnicas podem complementar melhor as abordagens económicas para obter valores e fornecer resultados significativos que possam informar a política a nível nacional e internacional (DEFRA, 2008). Uma avaliação da contribuição da biodiversidade para o bem-estar e os meios de subsistência das pessoas deve, idealmente, ser considerada dentro da seguinte estrutura TEV.

Figura 2: Os elementos do Valor Económico Total

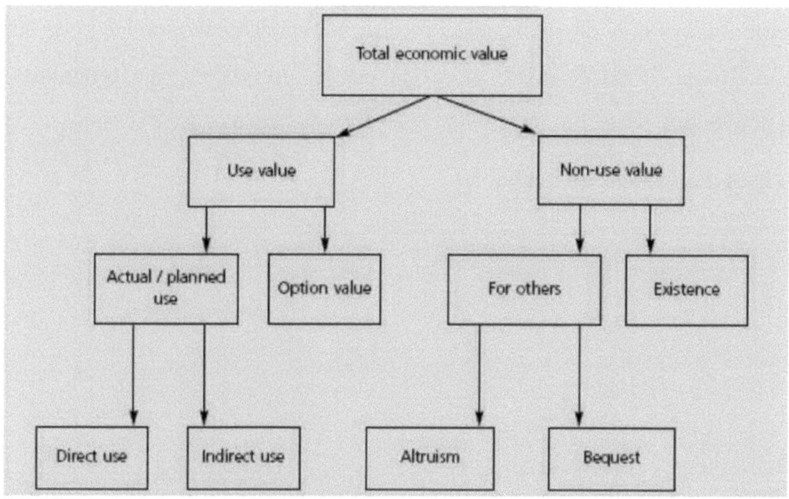

Fontes: Adotado de DEFRA, 2008.

A figura acima tentou resumir o valor económico total da biodiversidade e a sua contribuição e papel para o bem-estar humano e os meios de subsistência.

2.2.2. Classificação das técnicas de avaliação

A avaliação económica da biodiversidade é importante, uma vez que proporciona um veículo útil para destacar e quantificar a gama de benefícios proporcionados pela biodiversidade. É importante ressaltar que a atribuição de valores monetários à biodiversidade e aos seus serviços ecossistémicos colocará a biodiversidade numa moeda comum para utilização na tomada de decisões, permitindo que os seus benefícios sejam diretamente comparados com outras trajectórias de desenvolvimento (DEFRA, 2008).

O mercado para muitos recursos naturais, se existir, não pode refletir ou captar todos os benefícios e custos da utilização do recurso. Assim, a avaliação dos ecossistemas pode ser uma tarefa difícil e controversa, e os economistas têm sido frequentemente criticados por tentarem atribuir um "preço" à natureza. No entanto, as agências responsáveis pela proteção e gestão dos recursos naturais têm muitas vezes de tomar decisões de despesa difíceis que envolvem compromissos na atribuição de recursos. Este tipo de decisões são decisões económicas e, portanto, baseiam-se, explícita ou implicitamente, nos valores da sociedade. Por isso, a avaliação económica pode ser útil, fornecendo uma forma de justificar e estabelecer prioridades para programas, políticas ou acções que protegem ou restauram os ecosistemas e os seus serviços.

Figura 3: Tipos de técnicas de avaliação

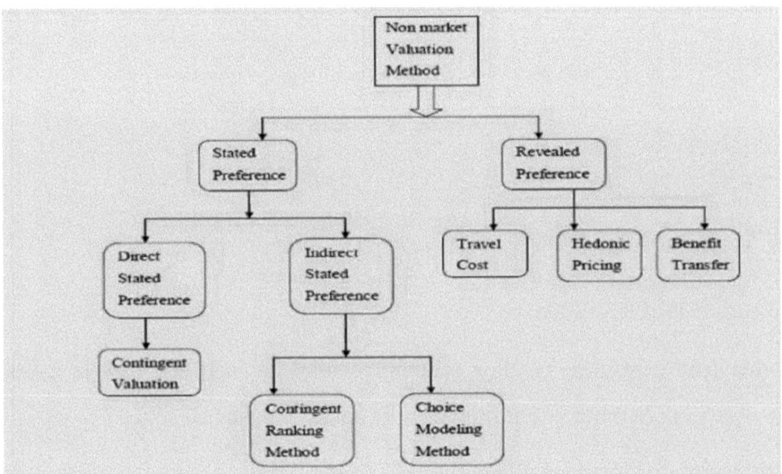

Fontes: Perman *et al.*, (2003)

A figura acima apresenta em pormenor o método de avaliação não mercantil da biodiversidade e dos recursos ambientais. Existe uma vasta gama de métodos para estimar o valor monetário dos recursos naturais e ambientais. Apresenta-se de seguida um breve resumo de alguns métodos importantes utilizados. Basicamente, os métodos podem ser subdivididos em duas categorias: - métodos que, de alguma forma, associam a alteração de um recurso ambiental ou natural a um preço de mercado que pode ser observado na realidade (as chamadas "preferências reveladas"); métodos que determinam as preferências diretamente dos consumidores, utilizando vários tipos de questionários ("técnicas de preferência declarada") (Jantzen, 2006).

2.2.2.1. Método da preferência revelada

Os métodos de preferências reveladas revelam estimativas do valor de bens não mercantis, utilizando provas de como as pessoas se comportam face a escolhas reais.

A premissa básica do método das preferências reveladas dos preços hedónicos, por exemplo, é que os bens não mercantis afectam o preço dos bens mercantis noutros mercados que funcionam bem. As diferenças de preços nestes mercados podem fornecer estimativas da vontade de pagar (WTP) e da vontade de aceitar (WTA).

As técnicas de preferência revelada baseiam-se na observação das escolhas individuais nos mercados existentes que estão relacionados com o serviço ecosistémico que é objeto de avaliação. Neste caso, diz-se que os agentes económicos "revelam" as suas preferências através das suas escolhas (TEEB, 2010).

Os métodos de preferência revelada (PR) diferem dos métodos de preferência declarada (PE) na medida em que utilizam como dados o comportamento real das pessoas em mercados reais, em vez do seu comportamento conjecturado em mercados hipotéticos. No entanto, o comportamento no estudo ocorre em mercados que estão apenas relacionados com o bem ambiental em questão: não existem para o bem ambiental, uma vez que, por definição, se está a considerar aqui valores de mercado. Por esta razão, os métodos de PR são por vezes conhecidos como métodos indirectos, uma vez que o analista tem de inferir o valor que as pessoas atribuem a um bem não mercantil indiretamente a partir do seu comportamento num mercado de alguma forma relacionado com esse bem. Este método inclui o método do custo de viagem e as técnicas de preços hedónicos (Dawit, 2014).

Kontoleon e Pascual (2007) mencionaram algumas das limitações do método das preferências reveladas. Nos métodos de preferências reveladas, as imperfeições do mercado e as falhas de política podem distorcer o valor monetário estimado dos serviços ecosistémicos. Os cientistas precisam de dados de boa qualidade sobre cada transação, grandes conjuntos de dados e análises estatísticas complexas. Como resultado, as abordagens de preferências reveladas são caras e demoradas. Em geral, estes métodos têm o atrativo de se basearem no comportamento real/observado, mas as suas principais desvantagens são a incapacidade de estimar valores de não utilização e a dependência dos valores estimados dos pressupostos técnicos feitos sobre a relação entre o bem ambiental e o bem de mercado substituto (TEEB, 2010).

2.2.2.2. Método de avaliação da preferência declarada

Os métodos de preferência declarada utilizam questionários especialmente construídos para obter estimativas da WTP ou WTA para um determinado resultado. A DPP é o montante máximo de dinheiro que um indivíduo está disposto a deixar de receber um bem. A WTA é o montante mínimo de dinheiro de que um indivíduo necessitaria para ser compensado por renunciar a um bem.

As abordagens de preferência declarada simulam um mercado e uma procura de serviços ecosistémicos através de inquéritos sobre mudanças hipotéticas (induzidas por políticas) na prestação de serviços ecosistémicos. Os métodos de preferência declarada podem ser usados para estimar os valores de uso e de não-uso dos ecossistemas e/ou quando não existe um mercado substituto a partir do qual o valor dos ecossistemas possa ser deduzido (TEEB, 2010).

Os métodos de preferência declarada (PE) procuram medir diretamente as preferências dos indivíduos pela qualidade ambiental, pedindo-lhes que declarem as suas preferências pelo ambiente. Inclui a avaliação contingente e o modelo de experiência de escolha (Dawit, 2014).

Método de Avaliação Contingente (CV): Utiliza um calendário de entrevistas para perguntar às pessoas quanto estariam dispostas a pagar para aumentar ou melhorar a prestação de um serviço ecossistémico ou, alternativamente, quanto estariam dispostas a aceitar pela sua perda ou degradação (TEEB, 2010).

Método Experimental de Escolha (MC): Tenta modelar o processo de decisão de um indivíduo num determinado contexto (Hanley e Wright, 1998; Philip e MacMillan, 2005). Os indivíduos são confrontados com duas ou mais alternativas com atributos comuns dos serviços a valorizar, mas com diferentes níveis de atributos (sendo um dos atributos o dinheiro que as pessoas teriam de pagar pelo serviço) (Ibid).

As técnicas de preferência geralmente declarada são frequentemente a forma de estimar os valores de não utilização. No que diz respeito à compreensão do *objetivo de escolha*, afirma-se frequentemente que o processo de entrevista assegura "a compreensão do objeto de escolha, mas a natureza hipotética do mercado levantou numerosas questões quanto à validade das estimativas (Kontoleon e Pascual, 2007). A principal questão é saber se as respostas hipotéticas dos inquiridos correspondem ao seu comportamento se fossem confrontados com os custos na vida real (*Ibid*).

2.3. Revisão da literatura empírica

Noss e Cooperrider (1994) propuseram quatro conjuntos de valores para a conservação da biodiversidade: valores utilitários directos, valores utilitários indirectos, valores recreativos e estéticos e valores intrínsecos, espirituais e éticos. Os valores utilitários directos consideram todas as espécies como objectos para utilização em benefício direto dos seres humanos. Os valores utilitários indirectos derivam dos benefícios dos serviços ecosistémicos, como a estabilização do clima, o controlo das cheias e a manutenção da qualidade do ar e da água. Os valores recreativos e estéticos têm estado geralmente implícitos na manutenção de locais como parques nacionais, refúgios e reservas naturais, pela sua beleza e usos recreativos ao ar livre. Por último, os valores intrínsecos indicam que todas as espécies merecem uma oportunidade igual de persistir e que, enquanto seres humanos, temos a responsabilidade moral e ética de conservar todos os seres vivos. Os valores utilitários directos são criticados pelo perigo potencial para as espécies que parecem não ter benefícios tangíveis para os seres humanos. Entretanto, os valores intrínsecos também são criticados pelo seu fracasso em diminuir as actuais taxas de extinção de espécies na sociedade pós-revolução industrial como um todo (Jin-Oh, 2008).

Vira e Kontoleon (2010) examinaram as provas sobre a medida em que os pobres dependem da biodiversidade para a sua subsistência e/ou economia familiar. De acordo com os resultados do estudo apresentados no quadro 2, a maioria dos pobres depende da contribuição da biodiversidade para sustentar os seus meios de subsistência. O Quadro 2 mostra que a extensão das diferentes regiões e o tipo de recursos dos quais as pessoas dependem para obter rendimentos.

Quadro 2: Provas da dependência da biodiversidade para obter rendimentos

Fonte	Região	Prova	Tipo de recurso
Bahuguna, 2000	Ásia do Sul	48,7% do rendimento do agregado familiar	Florestas: combustível, forragem, emprego
Bene *et al.*, 2009	África Ocidental	Varia de 90% (mais pobres) - 29,7% (mais ricos)	Peixe
Cavendish, 2000	Sul África	35,4% do rendimento do agregado familiar em 1993-94; 36,9% em 1996-97	Alimentos silvestres, madeira, gramíneas e outros recursos ambientais
		Recursos	
Fisher, 2004		30% do rendimento do agregado familiar	Florestas
Kamanga *et al.*, 2009		15% do rendimento total do agregado familiar	Florestas
de Merode *et al.*, 2004	África Ocidental	24% das vendas a dinheiro	Alimentos selvagens
Fu *et al.*, 2009	Outros países da Ásia	1,7% do rendimento do agregado familiar em Sítio 1, 12,2% no Sítio 2	PFNL
Jodha, 1992	Ásia do Sul	14-23% do total do agregado familiar rendimento	Recursos comuns
Levang *et al.*, 2005	Sudeste Ásia	30% do rendimento total do agregado familiar	Florestas
Mamo *et al.*, 2007	África Oriental	39% do rendimento total do agregado familiar	Florestas
Narain *et al.*, 2008a	Ásia do Sul	1.º TRIMESTRE: 9%, 2.º TRIMESTRE: 7,2%; 3.º TRIMESTRE: 7,9%;	Madeira para combustível, estrume para combustível de

		T4: 8% do rendimento permanente	construção, estrume, forragem,
Viet Quang e Anh, 2006	Sudeste Ásia	Para 30% dos agregados familiares, mais de 50% do rendimento total; e para 15% dos agregados familiares, 25-50% do rendimento total	PFNL

Fonte: Adaptado de Vira e Kontoleon (2010).

Em geral, estes dados sugerem níveis razoavelmente elevados de dependência da biodiversidade em termos da sua contribuição para os rendimentos dos agregados familiares. Além disso, os níveis de participação em actividades de subsistência baseadas na biodiversidade também são elevados, o que sugere que a profundidade da dependência destes recursos é muito elevada.

Além disso, a contribuição da biodiversidade para os meios de subsistência e/ou a economia também foi estudada por diferentes investigadores e académicos. De acordo com um artigo da Global Business, pelo menos 40% da economia mundial e 80% das necessidades dos pobres provêm de recursos biológicos. Além disso, quanto mais rica for a diversidade da vida, maiores serão as oportunidades de descobertas médicas, de desenvolvimento económico e de respostas adaptativas a novos desafios como as alterações climáticas (Global Business, 2016). O Banco Mundial (2001) salientou que mais de mil milhões de pessoas dependem das florestas para a sua subsistência, em diferentes graus. A avaliação revelou igualmente que sessenta milhões de indígenas dependem quase totalmente das florestas, enquanto cerca de 350 milhões de pessoas que vivem no interior ou nas proximidades de florestas densas dependem delas em grande medida para a sua subsistência e rendimento. Nos países em desenvolvimento, os sistemas agrícolas agro-florestais apoiam 1,2 mil milhões de pessoas e ajudam a manter a produtividade agrícola e a geração de rendimentos. As indústrias florestais dão emprego a cerca de 60 milhões de pessoas em todo o mundo. As necessidades médicas de aproximadamente mil milhões de pessoas dependem de medicamentos derivados de plantas florestais, muitos dos quais são utilizados há muito tempo na medicina tradicional (EFTEE *et al.*, 2005).

Este estudo realizou uma meta-análise dos resultados comunicados por 54 estudos que investigam até que ponto os agregados familiares rurais nos países em desenvolvimento (particularmente nos países africanos, com uma mistura uniforme de estudos centrados nas florestas húmidas, semi húmidas e secas) dependem do rendimento dos recursos florestais. Na análise efectuada, o agregado familiar médio obteve aproximadamente 678 dólares americanos por ano (ajustados à paridade do poder de compra) em termos de rendimento florestal. Globalmente, o rendimento médio total do agregado familiar foi de 3043 USD, o que implica que o rendimento florestal representa cerca de 22% do rendimento total. Vedeld *et al.* (2004) também observam que, embora a agricultura e o rendimento não agrícola apresentem geralmente percentagens de rendimento mais elevadas, as utilizações florestais representam uma fonte de rendimento significativa, sendo particularmente importantes para os agregados familiares próximos do limiar de sobrevivência. O rendimento florestal tem um significado particular no que diz respeito ao 'preenchimento de lacunas' e 'redes de segurança', fornecendo uma fonte adicional de rendimento em períodos de carências previstas e não previstas noutras fontes de subsistência (Ibid).

Alguns dos contributos da biodiversidade são os serviços ecossistémicos, como a água, a agricultura, a energia hidráulica, etc. A agricultura é um sector económico crítico, especialmente nos países em desenvolvimento. É mais importante para as economias dos países de baixo rendimento, representando aproximadamente 31% do PIB global e 50% do PIB na África Subsariana. Nos países de rendimento médio e elevado, pelo contrário, representa 12% e 1-3% do PIB, respetivamente. No entanto, as medidas convencionais do PIB subestimam grandemente a contribuição da agricultura para a economia, que deveria incluir também a indústria transformadora e os serviços a montante e a jusante. A agricultura também proporciona muitos postos de trabalho, da ordem dos 56% a 65% da mão de obra total na Ásia e na África Subsariana (EFTEE, 2005).

Em África, a biodiversidade desempenha um papel importante no apoio ao PIB da economia nacional. De acordo com o Relatório Nacional da Tanzânia (2014), a biodiversidade é fundamental para a economia nacional, contribuindo para mais de três quartos do PIB nacional e sustentando os meios de subsistência da maioria dos tanzanianos. A agricultura, a pecuária, a silvicultura e as pescas contribuem, em conjunto, com mais de 65% do PIB e representam mais de 80% do emprego total e mais de 60% das receitas totais de exportação. Além disso, as florestas são responsáveis por mais de 90% do consumo de energia no país, enquanto a energia hidroelétrica contribui com cerca de 37% do fornecimento de energia no país. O valor económico total (VET) médio das reservas florestais de captação foi estabelecido em mais de 17 250 USD/ha. Por outro lado, a indústria do turismo vale atualmente mais de mil milhões de dólares por ano.

Na Etiópia, o estudo analisa o valor económico das áreas protegidas geridas pela Autoridade Etíope para a Conservação da Vida Selvagem (EWCA), com base em dois estudos de caso, bem como ao nível de um sistema nacional de AP. As áreas protegidas proporcionam benefícios directos do turismo e da criação de emprego. Em 2008/09, a EWCA realizou cerca de US$ 19.000 com as taxas de entrada nos parques nacionais. Para além dos benefícios directos do turismo, do emprego e das taxas de entrada, o principal valor das áreas protegidas reside nos serviços ambientais que prestam. Estes serviços são parte integrante do desenvolvimento sustentável da economia etíope e constituem a base dos vários benefícios e respectivos valores. Foram avaliados vários serviços ambientais, como os serviços hidrológicos (avaliados em 432 milhões de dólares), a produção de energia eléctrica (avaliada em 28 milhões de dólares), as plantas medicinais (avaliadas em 13 milhões de dólares), o sequestro de carbono (avaliado em 938 milhões de dólares ou 19 milhões de dólares por ano) e o valor da biodiversidade (estimado em 3,75 a 112 milhões de dólares por ano) (OBF, 2009).

Tendo em conta os elevados níveis de endemismo, bem como a natureza única das paisagens e das classes de vegetação, presume-se que o valor global da biodiversidade na Etiópia poderá situar-se na extremidade superior do intervalo de avaliação fornecido (OBF, 2009). De acordo com o resultado do estudo de avaliação do valor da área protegida do OBF (2009), o valor do Parque Nacional da Montanha Simien em geral foi estimado da seguinte forma:

Tabela 3: Valores diferentes de SMNP

S.N.	Descrição do valor	Escala baixa	Escala superior	Total [milhões de dólares].	Observação
1	Valor hidrológico	5	154	5 a 154	
2	Stock de carbono	Tamanho (Ha)	Stock de carbono (tCO2)	Valor do carbono (US$)	Anual Perda (US$)
		33,344	993,381	3,973,523	79,475
3	Biodiversidade	Área/Ha		Biodiversidade US$/ano [milhões de dólares].	
		41,200		0.04 - 1.24	
4	Valor do medicamento			US$3,52/ha [US$]	
	Plantas	41,200		145,024	

Fontes: Revisto do Relatório de Avaliação do OBF, 2009

3. METODOLOGIA DE INVESTIGAÇÃO

Neste capítulo, a metodologia de investigação que foi utilizada neste estudo foi discutida em pormenor.

3.1. Descrição da zona de estudo

O Parque Nacional da Montanha Simien (SMNP) é um dos mais conhecidos locais de recreio baseados na natureza devido à sua impressionante paisagem e aos animais selvagens endémicos. Foi criado em 1969 e inscrito na lista do Património Mundial pela UNESCO em 1978. Mas este parque está na lista do Património Mundial em perigo desde 1996 devido à forte colonização por parte dos agricultores. O resultado é o declínio do número de íbex de Walia, a desflorestação generalizada e a redução contínua das qualidades recreativas do sítio (Ali, 2011).

O SMNP, localizado na zona de Gondar Norte do Estado Regional Nacional de Amhara (ANRS), situa-se em cinco distritos: Debark, Adiarkay, Janamora, Beyeda e Teselmit, e faz fronteira com 38 kebeles (após a nova redemarcação).

O parque está situado no maciço montanhoso do norte da Etiópia (a cerca de 846 km de Adis Abeba e a cerca de 102 km de Gondar), onde se encontra o pico mais alto do país, que se eleva a 4543 metros acima do nível do mar (masl), com uma beleza paisagística de cortar a respiração.

[st]O Parque foi formalmente criado em 1966 e, aquando da sua publicação no Negarit Gazetta nº 4 de 31 de outubro de 1969, Ordem nº 59 de 1969, os seus limites abrangiam uma área de 136 km^2 . A redemarcação dos limites do Parque foi efectuada em 2003 e 2007 para excluir as aldeias situadas nos limites do Parque e algumas zonas de cultivo, com base nas recomendações do Comité do Património Mundial, no âmbito do processo de retirada do SMNP da lista de Património Mundial em perigo.

O Parque atual estende-se de 37^0 51'26.36"E a 38^0 29'27.59"E de longitude e de 13^0 06'44.09" N a 13^0 23'07.85" N de latitude. A área total do parque, incluindo as recentes extensões, é de cerca de 412 km^2 e foi re-gazetada pela Negarit Gazetta como Parque Nacional das Montanhas Simien, Regulamento do Conselho de Ministros n.º 337/2014, 2015.

Figura 4: Novo mapa do Parque Nacional das Montanhas Simien

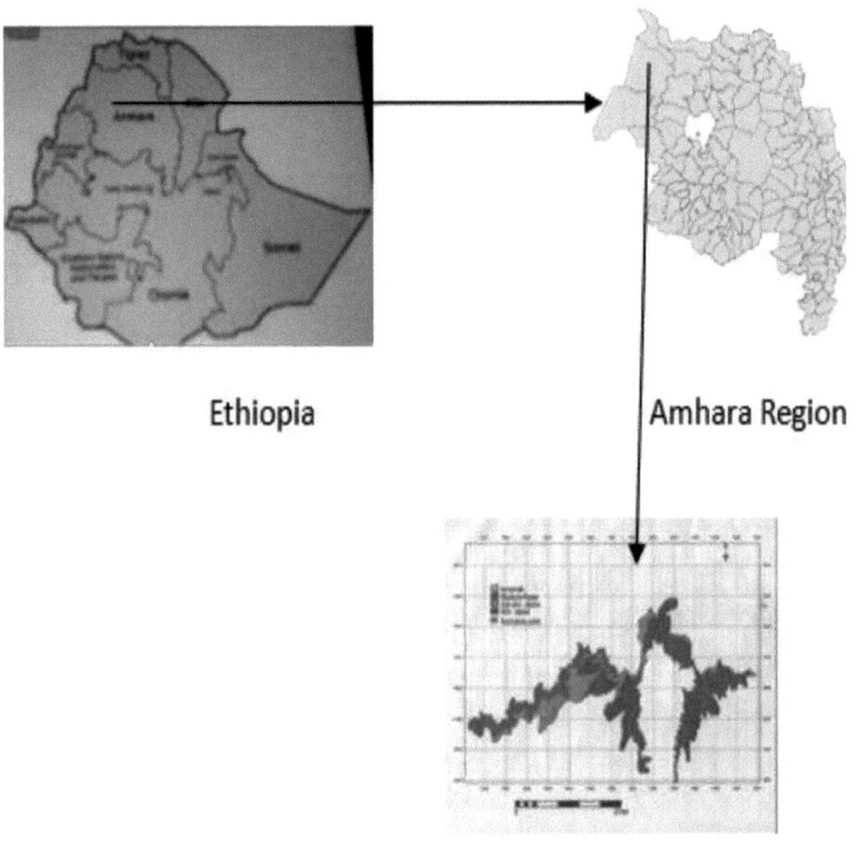

Fonte: Adotado do Novo Mapa do Parque Nacional das Montanhas Simien, (2015)

O estudo abrangeu três zonas ecológicas do SMNP e a sua zona tampão (zonas baixas, médias e altas do parque): Zonas baixas (distritos de Debark), zonas médias (distritos de Beyeda, Janamora e Debark) e zonas altas (distrito de Ras Dejen Beyeda).

3.2. Métodos de amostragem

Para responder ao objetivo da investigação, foram recolhidos dados de inquiridos seleccionados utilizando os métodos de recolha de dados acima mencionados. A técnica de amostragem e o procedimento de determinação da dimensão da amostra são pormenorizados a seguir.

3.2.1. Técnica de amostragem

Para este estudo, foram contactados e entrevistados 203 inquiridos, representados por nove das 38 ACs dos ecossistemas do PNSM.

Figura 5 Processo de amostragem

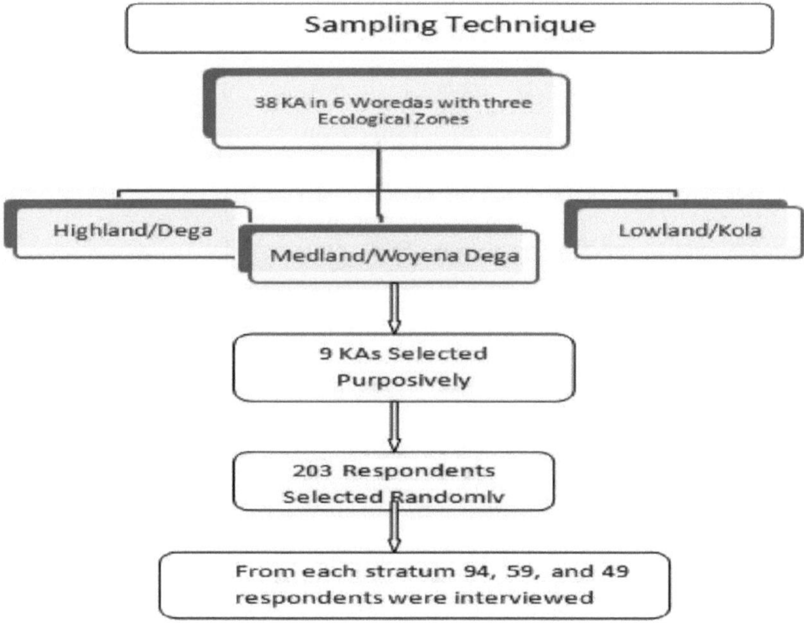

O número de inquiridos de cada AC foi determinado com base na fórmula estatística. Cada inquirido foi selecionado aleatoriamente a partir do livro de registo dos contribuintes, pelo que as pessoas que não são contribuintes não foram consideradas como inquiridas para este estudo.

Quadro 4: Representação proporcional dos agregados familiares para entrevista em cada AC-alvo da área de estudo

S.n.	Nome da KA	Nome de Distritos	Zona Ecológica	Total HHs no KA [N]	Amostra HHs tomadas [n]	Observação n = 203[N1/9508]
1.	Atigeba	Janamora	Alta Lnad	1186	25	nı= 203[1186/9508]
2.	Bahir Amba	Janamora	Terreno alto	825	18	n2= 203[825/9508]
3.	Debir/Mikara	Descascar Zuria	Midland	860	18	Aproximado valor
4.	Zebena	Descascar	Midland	484	10	
5.	Dib-Bahir	Descascar	Terras baixas	820	18	
6.	Adi/Miligebsa	Descascar	Midland	1464	31	
7.	Ade/tsion	Descascar	Terras baixas	1463	31	
8.	Bashaye	Beyeda	Terras altas	1031	22	
9.	Janbelew	Beyeda	Terras altas	1375	29	
Total				9508	203	

Fonte: Calculado a partir dos dados do inquérito, 2017

Das KAs acima referidas, Ade/tsion e Dib-Bahir representam terras baixas, Debir/Mikara, Zebena e Adi/Miligebsa representam terras médias e as restantes representam terras altas de cada distrito. Estas KAs foram seleccionadas propositadamente com base em critérios de estratificação ecológica.

No modelo experimental de escolha, podem ser utilizadas estratégias de amostragem como uma amostra aleatória simples, uma amostra estratificada e uma amostra baseada na escolha (Getenet, 2012). Para este estudo, foi utilizada a amostragem estratificada para identificar a população de origem, a população do estudo e a população da amostra. A amostragem estratificada garante que pelo menos uma observação é selecionada em cada um dos estratos, mesmo que a probabilidade de ser selecionada seja próxima de 0.

Para este estudo, a população fonte/alvo foi uma pessoa que vive em quatro distritos (nomeadamente, Debark, Debark Zuria, Janamora e Beyeda) dos seis distritos que rodeiam o parque nacional. A população do estudo era constituída por pessoas que viviam no PNSM e nas suas imediações, em 38 KAs que rodeavam ou faziam fronteira com o PNSM. A população total estimada que vive no PNSM e nas suas imediações é de 202 827/100434F (40565[2] HHs) (PNSM, 2014/15), o que constitui um quadro de amostragem para esta investigação. Desta população total de estudo, apenas 9508 pessoas de 9 ACs foram consideradas como quadro de amostragem e apenas 203 HHs foram seleccionadas aleatoriamente como amostra de inquiridos e/ou população para este estudo. Assim, de cada estrato, zonas ecológicas das terras altas, temperadas e baixas, foram entrevistados 94, 59 e 49 inquiridos, respetivamente.

3.2.2. Determinação da dimensão da amostragem

A dimensão da amostra foi determinada utilizando a fórmula de Solvin (1960), que é a seguinte

$$n = \frac{N}{1 + Ne^2}$$

Onde: N: é o tamanho da população

n: é a dimensão da amostra

e: é a margem de erro

1: o valor constante

2 De acordo com o inquérito do Gabinete do Parque Nacional das Montanhas Simien de 2014/15, a população total das Woredas circundantes do SMNP é estimada em 202 827/100434F e 40 565 HHs.

Utilizando a fórmula acima referida, 203 inquiridos[3] foram seleccionados aleatoriamente como inquiridos da amostra de 9 Administrações de Kebele (KAs) de um total de 38 KAs que integram e/ou circundam o PNSM. Para este estudo, foram contactados inquiridos de três zonas ecológicas (terras altas/Dega, zonas temperadas/Woyina Dega e terras baixas/Kolla) e de cada estrato foram seleccionados inquiridos utilizando a técnica de amostragem aleatória simples. Os inquiridos contactados eram contribuintes registados nas respectivas KAs.

3.3 Métodos de recolha de dados

Para este estudo, foram recolhidos dados primários qualitativos e quantitativos. Os dados para este estudo foram obtidos a partir de fontes primárias. Foram recolhidos a partir de amostras de inquiridos seleccionados aleatoriamente que vivem no PNSM e nas suas imediações, utilizando um programa de entrevistas semi-estruturado. Foi dada a máxima prioridade e cuidado aos conjuntos de dados para incluir toda a informação necessária para representar todas as variáveis para estimar os modelos pretendidos.

Foi utilizado o método de recolha de dados por entrevista presencial para recolher os dados necessários das fontes primárias. A entrevista foi efectuada por cinco enumeradores com um mínimo de licenciatura e que conhecem a língua e as normas locais da comunidade. Os enumeradores foram orientados e treinados sobre o programa de entrevistas semi-estruturadas, como apresentar aos inquiridos o problema/questões, como abordar cada inquirido e sobre outras questões éticas.

Antes da recolha de dados propriamente dita, o programa de entrevistas semi-estruturadas foi testado e foram feitos alguns ajustamentos. Embora tenham sido utilizados enumeradores para recolher os dados, todos os processos de recolha de dados foram supervisionados em permanência.

3.4 Método de análise de dados

Os dados recolhidos foram codificados antes de serem introduzidos no software

---

3 Para este cálculo, foi utilizada a população estimada de agregados familiares nas AC-alvo, que é de 38 176 agregados familiares, e o termo de erro é de cerca de 7%.

econométrico LIMDEP8.0/NLOGIT3.0 para análise. Em seguida, os dados recolhidos foram introduzidos no software econométrico para estimar os modelos logit multinomial e logit de parâmetros aleatórios. O método experimental de escolha foi utilizado para estimar os resultados dos quatro atributos da biodiversidade com cinco conjuntos de escolha cada e um total de 1015 observações. Para estimar o valor económico da biodiversidade, foram utilizados os modelos logit multinomial (MNL básico e alargado) e o modelo logit de parâmetros aleatórios (RPL).

3.5 Método da experiência de escolha

O método Choice Experiment (CE) tem sua fundamentação teórica no modelo de Lancaster de escolha do consumidor (Lancaster, 1966), e sua base econométrica é o Random Utility Model (RUT). Lancaster propôs que os consumidores obtêm satisfação não dos bens em si, mas dos atributos que eles fornecem (Dawit, 2014).

A modelação da escolha (muitas vezes referida como experiências de escolha) é uma técnica de avaliação de preferências declaradas. A técnica de modelação da escolha (MC) estima os valores económicos através da construção de um mercado hipotético para o bem ambiental não comercializado, por exemplo, a biodiversidade. No entanto, em vez de ser dada uma escolha discreta de Sim/Não (como na avaliação contingente), foi apresentada aos inquiridos uma série de tarefas de escolha em que lhes é pedido que escolham a sua opção política preferida a partir de uma lista de (normalmente) três opções; uma das quais inclui normalmente a manutenção do status quo ou uma opção de "não fazer nada". Cada opção é descrita em termos de um conjunto de atributos que descrevem o bem (incluindo um atributo de preço) apresentado em vários níveis, de acordo com um desenho experimental fatorial fraccionado ortogonal. A análise das escolhas dos inquiridos baseia-se na teoria da maximização da utilidade aleatória (RUM) (DEFRA, 2008).

Na modelação da escolha, os indivíduos são confrontados com duas ou mais alternativas com atributos comuns dos serviços a avaliar, mas com diferentes níveis de atributos (sendo um dos atributos o dinheiro que as pessoas teriam de pagar pelo serviço). Num estudo de MC, os inquiridos no âmbito do inquérito podem escolher entre várias opções, cada uma composta por vários atributos, um dos quais é um preço ou um subsídio. Pede-se então aos inquiridos que considerem todas as opções, equilibrando (trocando) os vários atributos. Qualquer uma destas técnicas pode ser usada para avaliar o TEV de uma mudança na quantidade de biodiversidade ou serviços ecosistémicos. Embora o método CV seja menos complicado de conceber e implementar, a abordagem CM é mais capaz de fornecer estimativas de valor para alterações em características (ou atributos) específicas de um recurso ambiental (TEEB, 2010).

Para este estudo, é utilizado o método da experiência de escolha, entre outros métodos de avaliação ambiental de *preferência declarada*, como o método de avaliação contingente (CVM)[4] , para abordar os objectivos da investigação devido a uma série de razões, sendo a mais importante:

- O método da experiência de escolha permite estimar não só o valor do bem ambiental como um todo, mas também os valores implícitos dos seus atributos;
- O enviesamento estratégico, ou seja, a indicação de um valor extremamente alto/baixo para fazer passar uma ideia, é minimizado no método da experiência de escolha, uma vez que os preços dos bens já estão definidos nos conjuntos de escolha;
- As perguntas sobre a vontade de aceitar (WTA) podem ser colocadas em experiências de escolha sem o risco de se deparar com grandes discrepâncias entre os valores da vontade de aceitar (WTA) e da vontade de pagar (WTP), uma vez que são razoáveis e pré-determinados. Verificou-se que, em estudos de MCV, os indivíduos parecem atribuir muito mais valor às perdas do que aos ganhos, pelo que os valores da WTA excedem consideravelmente os valores da WTP (Sinafikish, 2008).

Além disso, apenas o modelo de escolha não se baseou em dados existentes, mas foi também o método mais moroso e dispendioso de implementar (DEFRA, 2008).

---

4 O CVM é o método de avaliação ambiental mais comummente utilizado, que envolve perguntar aos inquiridos sobre a sua disponibilidade para pagar (WTP) ou disponibilidade para aceitar (WTA) uma proposta de alteração do nível de fornecimento de um bem ambiental (Sinafkish, 2008).

3.6 . Conceção de uma experiência de escolha

Nesta secção, definiram-se os atributos e o seu nível, discutiram-se os desenhos da experiência e o programa de entrevistas.

3.6.1 Definição de atributos e níveis

Nesta investigação, o atributo é definido como uma caraterística da biodiversidade e o seu nível é a medida dos valores atribuídos a cada atributo.

Os atributos das intervenções e os níveis que lhes são atribuídos são normalmente combinados utilizando modelos experimentais para produzir um conjunto de alternativas de escolha hipotéticas. É então apresentada aos inquiridos uma sequência de duas ou mais destas alternativas de escolha concorrentes e é-lhes pedido que escolham a alternativa que preferem. Os níveis de atributos determinam a utilidade que os inquiridos atribuem a uma caraterística específica de uma intervenção e, por conseguinte, as suas escolhas ou preferências (Gilbert *et al.*, 2014).

Para esta investigação, os atributos foram identificados a partir de diferentes literaturas e o nível de atributo foi atribuído a cada atributo com base na realidade, na situação atual e no nível médio anual de pagamento de impostos da comunidade local.

Table 5: Descrição dos atributos e níveis de biodiversidade a utilizar no método da experiência de escolha

Atributos	Descrição dos atributos	Nível de atributos
Fauna e Flora	O número e o estado das espécies da fauna e da flora, bem como os seus habitats no PNSM e nas suas imediações.	**A) Baixa (status quo)**: o número e a situação actuais das espécies da fauna e da flora e dos seus habitats no PNSM e nas suas imediações são muito escassos e muitas espécies do ecossistema estão degradadas e as pessoas são afectadas de muitas formas por esta elevada degradação. **B) Médio**: melhoria e gestão das espécies da fauna e da flora e do seu

Atributos	Descrição dos atributos	Nível de atributos
		habitat a um nível médio (melhoria de 30 %). **C) Elevado:** a melhoria e gestão das espécies da fauna e da flora e do seu habitat a um nível elevado (melhoria de 50%).
Serviços ecossistémicos	A quantidade de recursos ambientais e o número de serviços ecossistémicos obtidos da área são alguns dos benefícios da biodiversidade da área de estudo. A quantidade e o uso da biodiversidade no estudo são determinados pela disponibilidade e acessibilidade dos serviços do ecossistema para uso doméstico da comunidade local (para água humana e animal, pastagem, produção e produtividade agrícola, regulação do clima, etc.), uso direto, fontes de rendimento da venda, acessibilidade dos recursos para a comunidade local, fontes de água para os utilizadores a jusante e hidráulica eléctrica, etc. É medido em termos do número de estações com água, utilização direta da floresta, serviços de regulação climática, etc.	**A) Situação atual**: Todos os serviços ecosistémicos são altamente limitados devido à degradação e a sua disponibilidade e acessibilidade são escassas. **B)** Só são recuperados os serviços ecossistémicos que têm um impacto direto nos seres humanos, por exemplo, a defesa contra as cheias **C)** Todos os serviços ecossistémicos devem ser restaurados
Instalações turísticas e desenvolvimento de infra-estruturas	O ecossistema do SMNP tem sido um dos destinos potenciais para turistas locais e estrangeiros. No PNSM e nos seus arredores, o turismo tem sido utilizado como uma das principais fontes de rendimento e uma das principais opções de subsistência para a comunidade local. Por conseguinte, o desenvolvimento e a melhoria dos serviços turísticos são	**A) Situação atual**: Não existem instalações ou estas são limitadas, tais como estradas, água potável, eletricidade, etc. **B)** O desenvolvimento de infra-estruturas, como estradas, eletricidade, água potável, instalações de repouso, como hotéis e pousadas, e a prestação de serviços

Atributos	Descrição dos atributos	Nível de atributos
	fundamentais para aumentar o número e a satisfação dos turistas, o que tem uma relação direta com as receitas geradas pelo sector. Para além disso, o desenvolvimento de	gerais, como o fornecimento de informações, etc., devem ser melhorados. **C)** Desenvolvimento de infra-estruturas, melhoria das instalações, melhoria da qualidade dos serviços e melhoria da
	A qualidade recreativa do sítio, como infra-estruturas, hotéis (lodges), instalações de descanso, instalações de informação, etc., é crucial para atrair turistas. A comunidade local pode obter benefícios destas melhorias direta ou indiretamente, incluindo a criação de novas oportunidades de emprego e a geração de rendimentos directos no caso de diferentes taxas.	prestação de serviços gerais.
Pagamento monetário	Pagamento anual para a melhoria e gestão do ecossistema no PNSM e nas suas imediações. (como imposto anual ou nova introdução de uma taxa de conservação)	**A) Status quo:** birr 0, sem pagamento **B)** birr 75 **C)** birr 100

Fontes: Personalizado a partir de informações obtidas por consulta a especialistas, 2016.

3.6.2 Conceção experimental

Neste estudo, podem existir 192 alternativas de escolha (4 X3^{31}= 192) numa conceção fatorial completa. Assim, para reduzir a sobrecarga dos inquiridos e o elevado custo da investigação, neste estudo foi utilizado o procedimento de ortogonalização para recuperar apenas os efeitos principais, excluindo os conjuntos de escolhas idênticas e ilógicas.

É importante encontrar um bom equilíbrio entre a oferta de um número demasiado reduzido ou demasiado elevado de conjuntos de escolha a um participante. O facto de se oferecerem poucos conjuntos de escolha implica o risco de não se dispor de observações suficientes para investigar as preferências de forma exaustiva (Hensher *et al.*, 2005).

Apesar das vantagens estatísticas dos factoriais, apenas os efeitos principais são necessários porque, à medida que o número de combinações possíveis se torna grande e difícil de tratar, é necessário reduzir as combinações a um número manejável. Assim, é possível efetuar um trabalho prático no terreno sem comprometer a variação das preferências (Sinafikesh, 2008).

Table 6: Conjunto de escolha de amostras

Qual dos seguintes planos de melhoramento prefere?

Atributos	**Plano um**	**Plano dois**	**Status quo**
Fauna e Flora	Melhoria de alto nível da fauna e da flora (em 50 %).	Melhoria de nível médio da fauna e da flora (em 30 %)	Nenhuma medida de melhoria
Serviços ecossistémicos	Todos os serviços ecossistémicos devem ser restaurados	Alguns serviços ecossistémicos que têm um impacto direto devem ser restaurados	Sem alterações
Turismo e instalações	Melhoria das infra-estruturas de desenvolvimento, melhoria da qualidade dos serviços	O desenvolvimento das infra-estruturas e algumas instalações devem ser melhorados	Sem alterações
Pagamento monetário	birr 100	birr 75	Sem pagamento
Escolher uma, assinalando com um sinal (√)	[ ]	[ ]	[ ]

Fontes: Concebido com base em informações e consultas a peritos, 2016.

3.6.3 Elaboração do programa de entrevistas

Para efeitos de recolha de dados em primeira mão junto dos inquiridos, foi elaborado um programa de entrevistas semi-estruturado. O questionário incluía perguntas de carácter geral e perguntas experimentais de escolha. O guião da entrevista tem quatro partes principais. A primeira parte dizia respeito às características socioeconómicas e demográficas e ao estatuto dos inquiridos. Nesta parte, foram incluídos o sexo, a idade, a dimensão da família, o número de dependentes no agregado familiar, o nível de instrução, o rendimento médio anual, o número de cabeças de gado e a distância do parque nacional. A primeira parte inclui perguntas sobre a situação socioeconómica dos inquiridos. Estas incluem normalmente a idade do inquirido, o sexo, o rendimento do agregado familiar, o estado civil, a ocupação, o número de dependentes e o nível de escolaridade. A segunda parte inclui perguntas sobre a perceção geral e os conhecimentos do inquirido sobre o ecossistema e a biodiversidade do PNSM. As perguntas desta parte centraram-se no conhecimento dos inquiridos sobre a importância da biodiversidade, na sua observação sobre o estado da biodiversidade e nas principais causas da perda de biodiversidade na sua vizinhança. Seguem-se as perguntas sobre as percepções e observações gerais dos inquiridos sobre o PNSM e a sua relação com o parque nacional. Foram abordadas questões específicas sobre a relação dos inquiridos com o parque nacional, a sua importância e as suas preocupações no que respeita à sua criação. Estas perguntas incidiram sobre a vulnerabilidade socioeconómica da comunidade local antes e depois da criação do parque nacional.

A próxima e quarta parte do questionário consiste em perguntas sobre o modelo da experiência de escolha. Existem cinco conjuntos de escolha com três planos/opções cada. Antes dos exercícios da experiência de escolha, foram apresentadas aos inquiridos as descrições do cenário de escolha. A descrição do cenário centrava-se em quatro atributos, incluindo o plano monetário e os seus níveis. Além disso, inclui as características e/ou a situação atual do parque nacional e os planos de melhoria propostos para o parque nacional. Após a descrição, foram apresentados aos inquiridos os conjuntos de escolha com cinco observações cada. As perguntas da experiência de escolha foram seguidas de perguntas de acompanhamento destinadas a explorar as motivações subjacentes às escolhas dos inquiridos e a compreender as razões pelas quais os inquiridos estavam ou não dispostos a pagar pelos programas hipotéticos propostos. Estas perguntas são importantes para identificar as respostas de protesto, que são as respostas de pessoas que não participaram nos exercícios de compensação. As perguntas de seguimento têm como objetivo explicar a opinião dos inquiridos sobre os programas hipotéticos que avaliaram. Estas perguntas ajudam a avaliar a credibilidade e o significado dos exercícios de escolha experimental. Uma descrição completa dos questionários e dos cenários é apresentada em anexo (ver Anexo 1).

3.7 Especificação do modelo econométrico para o modelo de experiência de escolha

A experiência de escolha (CE) é uma técnica que fornece aos inquiridos conjuntos de escolha múltipla, em que cada conjunto de escolha contém normalmente duas ou mais opções de gestão. As opções em cada conjunto de escolha contêm atributos comuns, que podem estar a vários níveis. Os inquiridos são convidados a escolher a sua opção preferida. Isto permite avaliar os impactos de diferentes atributos no bem-estar dos inquiridos (Ali, 2011).

Existem numerosas técnicas de preferência declarada para a avaliação não mercantil dos recursos ambientais; no entanto, o modelo de experiência de escolha é relativamente mais eficiente do que os métodos de avaliação acima mencionados na avaliação dos recursos ambientais multifuncionais, como os ecossistemas das zonas húmidas. As razões incluem que a experiência de escolha tem as vantagens de fornecer um conjunto de dados mais rico, a redução do enviesamento estratégico e o potencial de transferência de benefícios, o controlo do efeito de enquadramento e a flexibilidade do contexto (Bennett e Blamey, 2001). Consiste numa família de metodologias baseadas em inquéritos para modelar a preferência por bens, em que os bens são expressos em termos dos atributos que possuem (Hanley *et* al., 2001). Na modelação da escolha, são fornecidas aos inquiridos várias descrições alternativas do bem com diferentes atributos e níveis e é-lhes pedido que escolham a melhor alternativa (Ali, 2011). Por conseguinte, neste estudo foi aplicada a modelação da experiência de escolha para avaliar os múltiplos bens e serviços fornecidos pela biodiversidade.

A base teórica da modelação da escolha discreta é Lancaster (1966), que desenvolveu uma abordagem caraterística para a análise da procura. Uma vez que a modelação da escolha permite obter as preferências dos consumidores, este método fornece informações sobre a ordenação das preferências num conjunto de opções de escolha. A análise dos dados baseia-se na teoria da utilidade aleatória (RUM), originalmente proposta por Thurstone (1927).

Partindo do princípio de que os termos de erro da função de utilidade resultante são independentes e identicamente distribuídos, pode ser desenvolvido um modelo logit multinomial (MNL) para derivar o valor do excedente de compensação (Morrison *et al.*, 1999). Ao utilizar a experiência de escolha, a função de utilidade indireta de um indivíduo i da alternativa j é decomposta nas seguintes variáveis observáveis e estocásticas (Getenet, 2012):

$$U_{ij} = V(Z_j, S_i) + E \quad \ldots\ldots\ldots\ldots \quad 1$$

Onde i - **significa** um indivíduo

j- O cenário alternativo que é escolhido pelo indivíduo i

Z- Indica atributos da biodiversidade

S- Representa as características socioeconómicas de um indivíduo

V- Componente determinística/observável da função de utilidade

E - Componente não observada/aleatória que, por hipótese, não está correlacionada com a parte observável

U_{ij} é a utilidade (ou benefício líquido ou bem-estar) que a pessoa i obtém ao escolher a alternativa j.

V_{ij} é a componente sistemática e observável da utilidade latente, que é função tanto dos atributos da alternativa como das características socioeconómicas do indivíduo.

ε_{ij} é a componente aleatória da utilidade latente associada à opção j e ao consumidor i.

Devido à componente aleatória, é impossível compreender e prever perfeitamente as preferências. Este facto leva à seguinte expressão para a probabilidade de escolher a alternativa i.

$$P\left(\frac{i}{Cn}\right) = P(Ui > Uj) = P(Vin + \varepsilon in > Vjn + \varepsilon jn) \ldots\ldots\ldots\ldots\ldots\ldots\ldots\ldots\ldots 2$$

Em que *Cn* é o conjunto de todos os cenários alternativos possíveis.

Além disso, a componente sistemática da função utilidade pode ser expressa através de um vetor de variáveis explicativas e respectivos coeficientes, da seguinte forma

$$V_{in} = B'x_{in} \ldots\ldots\ldots\ldots\ldots\ldots\ldots\ldots\ldots\ldots\ldots\ldots\ldots\ldots\ldots\ldots\ldots\ldots\ldots\ldots\ldots\ldots\ldots\ldots\ldots\ldots\ldots\ldots 3$$

A equação (3) pode ser novamente utilizada para escrever a probabilidade de o consumidor n escolher a opção i em termos de componentes sistemáticas e de erro, que é utilizada para estimar os valores do vetor de parâmetros (βs) da seguinte forma

$$P(i/C_n) = P[(B'X_{in} + \mathcal{E}_{in}) > P(B'X_{jn} + \mathcal{E}_{jn})], \quad \forall j \in C \ldots\ldots\ldots\ldots\ldots\ldots\ldots\ldots\ldots 4$$

Assumindo que o consumidor deste recurso ambiental não transacionável maximiza a sua utilidade, ele escolhe a opção *i* da opção j no conjunto de escolha Cn se e só se a probabilidade de as componentes sistemática e aleatória da opção *i* serem maiores do que as componentes sistemática e aleatória da opção *j*. Para estimar as probabilidades de escolha utilizando o modelo Logit Multinomial (MNL), assume-se que as componentes aleatórias são independentes e identicamente distribuídas (IID), com a implicação de que as alternativas são independentes dos atributos irrelevantes (IIA). Dado o pressuposto da referida distribuição IID Gumble da componente aleatória (valor extremo tipo I) e da independência entre cenários alternativos e atributos individuais, a probabilidade de escolha do cenário alternativo i na equação MNL tem as seguintes representações (Getenet, 2012).

$$P(i) = \frac{exp^{\lambda\beta xi}}{\sum exp^{\lambda\beta xj}} \ldots\ldots\ldots\ldots\ldots\ldots\ldots\ldots\ldots\ldots\ldots\ldots\ldots\ldots\ldots\ldots\ldots\ldots\ldots\ldots 5$$

Onde, λ é o parâmetro de escala.

O parâmetro de escala (λ) está inversamente relacionado com a variância dos termos de erro da função de utilidade, o que implica que quanto maior for o parâmetro de escala menor será a variância do termo de erro e, por conseguinte, maior será o ajuste do modelo. Ao contrário do que acontece numa amostra separada, é impossível obter o valor dos parâmetros de escala a partir de uma única amostra e assume-se que o seu valor é um (Alpizar *et al.*, 2001). A equação de probabilidade acima descrita pode ser estimada utilizando o modelo de regressão logit multinomial, que se baseia no pressuposto da independência das alternativas irrelevantes (IIA).

No entanto, quando o pressuposto de IID é violado, o que é realista, a regressão MNL pode produzir resultados enviesados. Por conseguinte, podem ser utilizadas outras técnicas/modelos de estimação, como o logit aninhado, o logit misto ou o logit de parâmetros aleatórios (RPL), os modelos de classes latentes e o probit multinomial (Boxall e Adamowicz, 2001). Estes modelos têm a vantagem de introduzir a heterogeneidade das preferências dos inquiridos como variáveis independentes para explicar a probabilidade de escolha (*Ibid*).

3.7.1 Modelo Logit de Parâmetros Aleatórios (RPL)

O modelo logit multinomial padrão tem dois problemas principais (Alpizar *et al.*, 2001). Em primeiro lugar, o modelo pressupõe que não existe correlação entre os termos de perturbação não observados, ou seja, baseia-se no pressuposto da independência das alternativas irrelevantes (IIA), o que nem sempre é realista. Este problema resulta dos pressupostos de IID do modelo.

O segundo problema da especificação do modelo MNL é o facto de não ter em consideração a variação do teste dos indivíduos. No entanto, o modelo logit aleatório oferece uma forma simples de generalizar o modelo logit multinomial - permitir que as utilidades de cada alternativa estejam correlacionadas (Alpizar *et al.*, 2001).

Ao relaxar os pressupostos do modelo logit condicional, a função de utilidade aleatória no modelo logit de parâmetros aleatórios assumirá a seguinte forma (Birol *et al.*, 2005):

$$U_{in} \equiv V_{in} + \mathcal{E}_{in} \equiv Z_i(\beta + n_{in}) + \mathcal{E}_{in} \quad \ldots\ldots\ldots\ldots\ldots\ldots\ldots\ldots\ldots\ldots\ldots\ldots\ldots\ldots 6$$

Em que os inquiridos n recebem a utilidade U escolhendo a alternativa i de um conjunto de escolha C. A utilidade é decomposta numa componente não aleatória (V) e num termo estocástico (**ε**); e assume-se que a utilidade indireta é uma função dos atributos de escolha Z com parâmetros β (e características socioeconómicas, se forem incluídas no modelo) que podem variar entre os inquiridos por uma componente aleatória ηn devido à heterogeneidade das preferências. Assim, a probabilidade de escolher a alternativa i em cada um dos conjuntos de escolha terá a seguinte forma (Ibid).

$$P = \frac{e^{zin(\beta+\eta n)}}{\Sigma e^{zjn(\beta+\eta n)}} \ldots\ldots\ldots\ldots\ldots\ldots\ldots\ldots\ldots\ldots\ldots\ldots\ldots\ldots\ldots\ldots\ldots 7$$

Tal como referido por Birol *et al.*, 2005, uma vez que o modelo logit de parâmetros aleatórios não requer o pressuposto IIA, a parte estocástica da utilidade pode estar correlacionada entre alternativas e ao longo da sequência de escolhas através da influência comum de ηn. Além disso, é indicado que, em termos de ajuste global e de estimativas de bem-estar, o modelo logit de parâmetros aleatórios é superior ao modelo logit condicional e é também utilizado para ter em conta as variações de gostos entre populações. Assim, a forma geral da experiência de escolha no modelo de parâmetros aleatórios é a seguinte

$$V_i = ASC + \Sigma \beta_k Z_k + \Sigma \beta_m S_m \quad \ldots\ldots\ldots\ldots\ldots\ldots\ldots\ldots\ldots\ldots\ldots\ldots\ldots\ldots\ldots 8$$

Em que ASC é uma constante específica da alternativa que capta o efeito de qualquer atributo que não esteja incluído nos atributos específicos da escolha ou capta o enviesamento do status quo. K é o número de atributos e m é o número de características socioeconómicas do inquirido. Uma vez que os factores socioeconómicos são constantes para qualquer indivíduo, só podem entrar como termos de interação com os atributos ou com a constante específica da alternativa.

3.7.2Parte valiosa

Os preços implícitos para os atributos da biodiversidade são as estimativas da WTP dos inquiridos para um aumento no atributo em causa, dado que tudo o resto se mantém constante. Os preços implícitos são determinados usando a seguinte fórmula:

$$(\textit{Implicit Price}(\textit{Part Worth})) = -\left(\frac{\beta_{\text{non-market attribute of biodiversity}}}{\beta_{\text{monetary attribute}}}\right) \ldots\ldots\ldots\ldots 9$$

Em que, β são os coeficientes estimados dos atributos no modelo logit multinomial ou de parâmetros aleatórios. Para além da estimativa dos valores dos atributos individuais, o excedente de compensação relativo a uma alteração das condições globais pode também ser estimado utilizando a seguinte fórmula

$$\textbf{Compensating Surplus} = -\left(\frac{1}{\beta_{\text{Monetary attribute}}}\right)(V_0 - V_1) \ldots\ldots\ldots\ldots\ldots\ldots\ldots\ldots 10$$

Onde:

> V_0 é o valor da utilidade indireta associada ao status quo.

> V_1 é a utilidade indireta associada a diferentes cenários ou planos de melhoria alternativos (planos de melhoria que são o plano1 e o plano2, ver atributo e nível abaixo) com os seus níveis específicos dos atributos.

> β é o coeficiente estimado para o atributo monetário.

3.7.3Equação específica para a experiência de escolha

Os dados recolhidos dos inquiridos foram introduzidos no software econométrico LIMDEP8.0 NLOGIT3.0 para estimar os modelos logit multinomial e logit de parâmetros aleatórios. No modelo logit multinomial, foram estimadas duas funções multinomiais diferentes. O primeiro modelo é o modelo logit multinomial básico, que é a função apenas dos atributos da biodiversidade. O segundo modelo é designado por modelo logit multinomial alargado, que inclui as interacções das variáveis socioeconómicas com as ASC, para além dos atributos da biodiversidade. Em ambos os modelos logit multinomial, foram derivadas três funções de utilidade indirectas para as três alternativas respectivas. Estas eram funções de utilidade para a opção status quo, plano1 e plano2. A especificação para essas funções de utilidade e, portanto, para o modelo logit multinomial básico é a seguinte

Modelo 1: Modelo MNL básico

No modelo MNL básico, assume-se que a função de utilidade é linear e tem uma forma aditiva. É a função dos atributos das alternativas e da constante específica da alternativa (ASC). A função de utilidade do modelo básico assumiria a seguinte forma geral

$$[Vi = ASC + \beta_1 1FF + \beta_2 ES + \beta_3 TF + \beta_4 PC] \ldots\ldots\ldots\ldots\ldots\ldots\ldots\ldots 11$$

Em que: ASC = 0 para a opção status quo e um para o plano1 e plano2. Para além disso, β1, β2, **β3** e **β4** são os coeficientes associados a cada um dos quatro atributos, ou seja, a melhoria da FF (fauna e flora), ES (disponibilidade e acessibilidade dos serviços ecossistémicos), TF (turismo e instalações) e PC (pagamento monetário) para a conservação, respetivamente. As três funções de utilidade específicas para esses três cenários alternativos são representadas por:

$$[V1 = ASC_1 + \beta_1 1FF + \beta_2 ES + \beta_3 TF + \beta_4 PC]$$

$$[V2 = ASC_2 + \beta_1 1FF + \beta_2 ES + \beta_3 TF + \beta_4 PC]$$

$$[V0 = \beta_1 1FF + \beta_2 ES + \beta_3 TF + \beta_4 PC]$$

Onde: V1, V2, V0 foram designados como a utilidade para a alternativa um, dois e o status quo, respetivamente. ASC1 e ASC2 são duas constantes específicas da alternativa para o plano1 e o plano2. De acordo com Bennett e Blamey (2001), as duas ASC para os planos de melhoramento são obrigadas a ser iguais, devido a um formato genérico e a um desenho experimental quase ortogonal que foram utilizados para desenvolver os conjuntos de escolha e, por conseguinte, incluímos um interceto específico da alternativa comum para as três alternativas que implicam alterações.

Modelo 2: Modelo MNL alargado

O modelo logit multinomial básico acima descrito é estimado com base no pressuposto da homogeneidade das preferências, ou seja, parte-se do princípio de que as preferências são homogéneas entre os inquiridos. Mas isto nem sempre é realista. Pelo contrário, as preferências são heterogéneas entre os indivíduos e essa heterogeneidade deve ser tida em conta através da interação de variáveis socioeconómicas com atributos ou ASC e utilizá-las como variáveis independentes na equação da utilidade, de modo a obter estimativas imparciais (Birol *et al.*, 2005, Getenet, 2012). No entanto, devido a um possível problema de multicolinearidade, não devem ser incluídas todas as interacções possíveis entre as características socioeconómicas e os atributos. Além disso, há que reconhecer que não podem ser introduzidos separadamente no modelo.

Dado que as características dos inquiridos não variam entre alternativas, surgem "singularidades Hessianas" no modelo, a menos que as características socioeconómicas sejam introduzidas como interacções com os atributos ou com os ASC (Bennett e Blamey, 2001). Oito variáveis socioeconómicas - sexo, idade, dimensão da família, número de dependentes, educação, rendimento, número de cabeças de gado e distância da montanha - foram incluídas neste modelo alargado como interacções com as ASC, o que permite captar a influência das variáveis na probabilidade de o inquirido escolher um dos planos. A especificação deste modelo é dada da seguinte forma:

$$[V_i = ASC + \beta_1 1FF + \beta_2 ES + \beta_3 TF + \beta_4 PC + \lambda_1 ASC_i * \text{SEX} + \lambda_2 ASC_i * \text{AGE} + \lambda_3 ASC_i * \text{EDU} + \lambda_4 ASC_i * \text{FAMSIZ} + \lambda_5 ASC_i * \text{NUMDEPS} + \lambda_6 ASC_i * \text{INC} + \lambda_7 ASC_i * \text{NOLIVESTOCK} + \lambda_8 ASC_i * \text{DISKM}] \ldots\ldots\ldots\ldots\ldots\ldots\ldots 12$$

3.7.4 Definição de variáveis e sinais esperados na experiência de escolha

ASC: representa a Constante Específica das Alternativas e assume o valor 1 para os atributos com alterações (plano1 e plano2 nos conjuntos de escolha, e 0 para a opção de base (status quo) (Sinafekish, 2008).

Fauna e flora: Este atributo refere-se ao número e à situação das espécies da fauna e da flora, bem como aos

seus habitats no PNSM e nas suas imediações. O aumento do número de espécies da fauna
e da flora (especialmente mamíferos endémicos como o walia ibex e o lobo etíope, e árvores indígenas como a Eyrica Arborea (Wuchena) e o Hypercum Revoltum (Amuja)) e a melhoria do estado do seu habitat melhoram o estado da biodiversidade do ecossistema, pelo que se presume que aumentam a utilidade do inquirido e que o sinal esperado do seu coeficiente será positivo.

Serviços ecossistémicos: Este atributo refere-se à quantidade de recursos ambientais e ao número de serviços ecossistémicos obtidos a partir do ecossistema. A quantidade e a utilização da biodiversidade na área de estudo são determinadas pela disponibilidade e acessibilidade dos serviços dos ecossistemas para uso doméstico da comunidade local. Assim, a melhoria do estado do ecossistema pode aumentar a quantidade e o número de serviços ecossistémicos (como a água para o homem e os animais domésticos, os produtos florestais não lenhosos, o pasto para os animais domésticos, etc.) obtidos a partir do ecossistema, o que pode satisfazer a utilidade da comunidade local e o seu sinal esperado será positivo.

Turismo e equipamentos: Este atributo considera o turismo como uma das fontes de rendimento da comunidade local. O ecossistema do PNSM tem sido um dos destinos potenciais dos turistas locais e estrangeiros. No PNSM e nas suas imediações, o turismo tem sido utilizado como uma das importantes fontes de rendimento e uma das principais opções de subsistência para a comunidade local. Por conseguinte, o desenvolvimento e a melhoria dos serviços turísticos são fundamentais para aumentar o número e a satisfação dos turistas, o que tem uma relação direta com as receitas geradas pelo sector. Assim, o desenvolvimento da qualidade recreativa do local, como infra-estruturas, hotéis (lodges), instalações de repouso, instalações de informação, etc., pode aumentar a satisfação do turista e, em seguida, o rendimento do turismo, o que pode contribuir para a melhoria da biodiversidade de uma forma ou de outra; assim, espera-se que o sinal seja positivo (Getenet, 2012).

Pagamento monetário: Trata-se do pagamento anual efectuado pela comunidade para a melhoria e a gestão do ecossistema no PNSM e nas suas imediações (como imposto anual ou nova introdução de uma taxa de conservação). Assim, o aumento do pagamento anual pode reduzir a utilidade dos inquiridos e o sinal será negativo (Ali, 2011).

SEXO: Esta variável representa o sexo dos inquiridos. É incluída no estudo como uma variável fictícia, em que 0 corresponde a homem e 1 a mulher, para testar se o sexo dos inquiridos é um fator determinante importante na escolha dos planos melhorados sobre a biodiversidade. Esta relação é indeterminada como o sexo do inquirido (Ali, 2011). **IDADE**: Esta variável é a idade dos inquiridos, que é medida em anos. Em geral, espera-se uma relação positiva entre a idade da pessoa e a escolha de planos ambientais melhorados. Isto deve-se ao facto de o interesse da pessoa na melhoria do ambiente aumentar à medida que envelhece.

EDUC: Esta variável representa o nível de educação dos inquiridos em anos de escolaridade. Quanto maior for o número de anos de escolaridade dos inquiridos, maior será a sua compreensão sobre a conservação da biodiversidade e a sua importância e maior será a sua disponibilidade para pagar pela conservação. Por conseguinte, espera-se uma relação positiva entre a educação e a escolha de planos de biodiversidade melhorados.

FAMSIZE: É o tamanho da família medido como o número total de pessoas no agregado familiar dos inquiridos. Espera-se uma relação negativa entre FAMSIZE e as probabilidades de escolher um plano melhorado de conservação da biodiversidade; isto deve-se ao facto de um inquirido com uma família numerosa gastar uma proporção relativamente maior do seu rendimento no consumo. Além disso, o inquirido com uma família numerosa estará menos disposto a pagar pela conservação; no entanto, a sua dependência da biodiversidade será elevada.

NUMDEPS: O número de dependentes (sem contribuição laboral ou monetária e com idade inferior a 13 e superior a 60 anos) no agregado familiar terá uma influência negativa na biodiversidade do parque nacional e o seu sinal será negativo. Quanto maior for o número de dependentes no agregado familiar que não contribua com trabalho ou qualquer rendimento, este dependerá dos recursos naturais, especialmente das propriedades comuns.

RENDIMENTO: Trata-se do rendimento anual disponível dos inquiridos. Uma vez que o rendimento reflecte a capacidade de pagamento, espera-se uma relação positiva. Isto deve-se ao facto de as pessoas com rendimentos mais elevados poderem pagar mais e ficarem muito mais satisfeitas com a conservação da biodiversidade, uma vez que os ricos beneficiam mais da biodiversidade do que os pobres.

NOLIVESTOCK: o número de animais detidos pelo agregado familiar, especialmente se a tecnologia de produção não for moderna e intensiva, a probabilidade de influenciar a biodiversidade do parque nacional através do pastoreio livre pode aumentar. Quanto mais os inquiridos tiverem gado, maior será a probabilidade de utilizarem as terras comunais e as zonas de pastagem livre. Assim, esta variável terá um sinal negativo.

DISKM: Esta variável representa a distância a que o inquirido vive do parque nacional. Quem vive longe do parque nacional tem um impacto negativo mínimo ou nulo no parque nacional e vice-versa. Por conseguinte, esta variável terá um sinal negativo, pois haverá a possibilidade de o agregado familiar afetar o parque nacional de uma forma ou de outra, uma vez que a distância é próxima do parque nacional (Getenet, 2012).

4. RESULTADOS E DISCUSSÃO

Neste capítulo, são discutidos os resultados descritivos e econométricos e os resultados foram interpretados com base nas conclusões do estudo.

4.1 Estatísticas descritivas

Nesta secção, os resultados da investigação são apresentados e discutidos em pormenor. Foram discutidas as características socioeconómicas, a perceção dos inquiridos sobre a biodiversidade, o estado da biodiversidade, as principais causas da perda de biodiversidade, as estratégias de subsistência das comunidades locais e os mecanismos de atenuação/contraposição.

4.1.1. Resultados demográficos e socioeconómicos

O resultado da estatística descritiva do estudo mostra que, do total de 203 agregados familiares entrevistados, 61,6% e 38,4% eram homens e mulheres, respetivamente. A idade média é de 40 anos e 84% dos entrevistados eram casados, sendo os restantes solteiros, divorciados e viúvos, 9,9%, 3,9% e 2%, respetivamente.

No que diz respeito ao estatuto educativo dos inquiridos, o resultado do estudo revelou que 31,5% são analfabetos que não sabem ler nem escrever e 13,3% dos inquiridos sabem ler e escrever, mas não frequentaram o ensino formal, podendo frequentar o ensino informal para adultos, como o ensino básico alternativo e a educação religiosa. De acordo com os resultados, 5,5% dos inquiridos possuem um certificado ou mais. De acordo com o quadro seguinte, os que possuem certificado e habilitações literárias superiores são funcionários públicos na Administração de Kebele (KA). Neste estudo, 12% dos inquiridos frequentaram o ensino até um certo nível e dedicam-se à agricultura mista para a sua subsistência.

De acordo com os resultados do estudo, a dimensão média da família é de 5 pessoas e o número médio de dependentes no agregado familiar é de 2, com o mínimo e o máximo de 1 e 5 dependentes em cada agregado familiar, respetivamente. Para este estudo, os inquiridos pertenciam a uma comunidade agrícola rural, o que representa 92%. Assim, o rendimento médio anual disponível do agregado familiar é de

17645,49 birr por ano. Os inquiridos geram o seu rendimento anual disponível através da agricultura mista. A dimensão média das terras dos inquiridos é de 2,1 ha por agregado familiar; no entanto, 50,7% dos inquiridos têm 0-0,5 ha de terra. A distância média do parque nacional onde os inquiridos vivem é de 3,38 km, com uma variação de 1 a 7 km.

Quadro 7: Resumo das estatísticas descritivas

Variável	Média	Desv. Dev.
Idade	40.02	9.40
Tamanho da família	5.32	1.54
Número de dependentes	2.41	1.06
Educação	2.59	3.14
Rendimento	17545.64	11737.44
Número de cabeças de gado/TLU	1.64	1.78
Tamanho do terreno	2.10	1.44
Distância em KM	3.38	1.94

Fonte: Calculado a partir dos dados do inquérito, 2017

4.1.2. Perceção dos inquiridos sobre o estado da biodiversidade do ecossistema

Conhecer a perceção e o nível de conhecimento dos inquiridos sobre a biodiversidade ajudará a conceber um plano de melhoramento adequado na área de estudo. Assim, nesta investigação, foi de grande interesse conhecer a perceção e o conhecimento da comunidade local sobre a biodiversidade e a sua importância. Surpreendentemente, quase todos os inquiridos responderam que conhecem a biodiversidade e a sua importância, tendo em conta o nível de compreensão e conhecimento dos inquiridos. O resultado mostra que 90% dos inquiridos têm algum tipo de conhecimento e informação sobre a biodiversidade e a sua importância.

De acordo com a resposta dos inquiridos, a biodiversidade é importante como fonte de serviços ecossistémicos e ajuda a regular os efeitos adversos das alterações climáticas 17,0% e 15,4%, respetivamente. O resultado abaixo revelou que os inquiridos consideram que a biodiversidade é importante como fonte de rendimento e de energia para o agregado familiar, melhoria dos meios de subsistência, melhoria da produção agrícola e reforço do turismo, para além de outras importâncias 6,9%, 8%, 10% e 11,8%, respetivamente.

Foi também perguntado aos inquiridos quais as fontes de informação e onde obtinham a informação sobre a importância da biodiversidade. Os resultados deste estudo revelaram que 31% dos inquiridos obtêm a informação junto de agentes de desenvolvimento da KA e 22% dos inquiridos receberam formação sobre biodiversidade de diferentes ONG e outras organizações com um foco temático semelhante. De acordo com a resposta, 19% dos inquiridos obtiveram algum tipo de informação e experiência sobre biodiversidade de colegas formados na sua vizinhança.

Com base no nível de compreensão e perceção dos inquiridos, foi-lhes pedido que comparassem o estado da biodiversidade no ecossistema antes e depois de decorridos dez anos. De acordo com os resultados do estudo, 89% dos inquiridos acreditavam e tinham a perceção de que existe uma elevada degradação da biodiversidade e que a intensidade da degradação aumenta de tempos a tempos. A Tabela 8 revelou que apenas 3,9% dos inquiridos afirmaram que existe uma melhoria do estado da biodiversidade na sua vizinhança. Os inquiridos que acreditam que o estado da biodiversidade está a melhorar são os que vivem na zona de planície do distrito de Debark, particularmente em Dib-Bahir Kebele. De acordo com a informação obtida dos inquiridos, a cobertura florestal na KA melhorou devido à elevada proteção ambiental e ao facto de a área ter sido incluída como SMNP durante a redemarcação e a expansão do parque. Contudo, a observação pessoal confirma que se regista uma elevada degradação da biodiversidade no PNSM e nas suas imediações.

Quadro 8: Informações sobre o estado da biodiversidade na área de estudo

Estado da biodiversidade	N	Resposta %
Melhorado	8	3.9

Degradado	181	89.2
Como está/sem alterações	9	4.4
Não sei	5	2.5
Total	203	100.0

Fonte: Calculado a partir dos dados do inquérito, 2017

4.1.3. Principais causas da degradação da biodiversidade

Os inquiridos foram capazes de identificar e enumerar as principais causas associadas à perda de biodiversidade na área. De acordo com o resultado do estudo, os inquiridos reconhecem que a invasão agrícola devido ao elevado incremento populacional, a desflorestação devido a problemas induzidos pelo homem e o sobrepastoreio foram enumerados como as principais causas de degradação.

Os resultados revelaram que a invasão agrícola é uma das principais causas da perda de biodiversidade, com a qual 95,6% dos inquiridos concordaram fortemente, seguida da desflorestação e do sobrepastoreio, com os quais os inquiridos concordaram fortemente, respetivamente, 84,2% e 50,2%.

Tabela 9: Causas da degradação da biodiversidade

Grau	Agricultura Invasão Resposta %	Desflorestação Resposta %	Sobrepastoreio Resposta %
Concordo plenamente (4)	95.6	84.2	50.2
Concordo moderadamente (3)	3.9	13.8	45.8
Concordar (2)	.5	1.5	3.0
Nenhum (1)	0.0	0.0	.5
Não concordo (0)	0.0	0.0	.5
Total	100.0	100.00	100.0

Fontes: Calculado a partir dos dados do inquérito, 2017

De acordo com os resultados do inquérito, os inquiridos mencionaram que os efeitos da perda de biodiversidade são a redução da produção e da produtividade agrícola (34,5%), o efeito adverso das alterações climáticas (26,7%) e a limitação dos serviços ecossistémicos (24,5) (Quadro 10).

Quadro 10: Efeitos negativos da perda de biodiversidade

Efeitos da perda de biodiversidade	**N**	**Resposta %**
Redução da produção e da produtividade na agricultura	70	34.5
Efeito adverso das alterações climáticas	54	26.7
Perda e/ou redução dos serviços ecossistémicos e dos valores estéticos de biodiversidade	50	24.5
Aumento dos custos de conservação, aquisição de factores de produção, etc.	29	14.3
Total	**203**	**100.0**

Fonte: Calculado a partir dos dados do inquérito, 2017

Para além da redução da produção no sector agrícola, a comunidade local também foi obrigada a aumentar o custo dos factores de produção, como os fertilizantes químicos, e forçada a gastar o seu tempo e trabalho em obras de conservação e reabilitação. Em relação à degradação da biodiversidade, a comunidade local também afirmou que os rendimentos provenientes da biodiversidade diminuíram muito de tempos a tempos. De acordo com os resultados do inquérito, 79,8% dos inquiridos explicaram que o rendimento anual da agricultura diminuiu e a produtividade da terra foi significativamente afetada devido à degradação da biodiversidade.

No entanto, dada a elevada degradação da biodiversidade na área de estudo, a biodiversidade continua a ser considerada como uma das fontes de rendimento da comunidade local. Pediu-se à comunidade local que indicasse a percentagem de rendimento particularmente obtida a partir da biodiversidade. A percentagem estimada é apresentada no quadro seguinte (Quadro 11).

Quadro 11: Percentagem do rendimento proveniente da biodiversidade

Percentagem do rendimento gerado pelos recursos naturais	N	%
1-3%	82	40.4
3.1-5%	43	21.2
5.1-7%	24	11.8
7.1-10%	23	11.3
>10%	31	15.3
Total	203	100.0

Fonte: Calculado a partir dos dados do inquérito, 2017

De acordo com os resultados, 40,4% dos inquiridos acreditam que 1-3% do seu rendimento anual é gerado pela biodiversidade e 15,3% dos inquiridos mencionaram que mais de 10% do seu rendimento anual é gerado pela biodiversidade.

1.1.4. Estratégia de atenuação da perda de biodiversidade

Tal como mencionado na secção anterior, os inquiridos sofreram os efeitos negativos da perda de biodiversidade. De acordo com os resultados do estudo, 78% dos inquiridos mencionaram que a produção e a produtividade agrícolas diminuíram devido à perda de biodiversidade. Como resultado desta perda de biodiversidade, os inquiridos dependem de outros meios de rendimento e de opções de subsistência. Algumas das estratégias de atenuação que o inquirido utiliza como meio de atenuação da perda de biodiversidade e dos seus efeitos estão detalhadas no quadro seguinte.

Quadro 12: Estratégia de atenuação

Estratégia de atenuação	Resposta (%)
Mudança das opções de subsistência da agricultura para outros meios de subsistência alternativos	24.8
fontes de rendimento	
Utilizar os recursos naturais como meio de rendimento e de alimentação	3.4
Arrendar a terceiros as suas próprias terras agrícolas	16.7

Trabalhar por conta de outrem como trabalhador diário	26.5
Migrar para outros locais em busca de trabalho	17.8
Depender do apoio do PSNP e de outras ajudas	10.7
Total	**100.0**

Fonte: Calculado a partir dos dados do inquérito, 2017

De acordo com o resultado da tabela acima, o inquirido utiliza as estratégias de mitigação mencionadas durante o tempo de inatividade, em particular, e para mitigar problemas comunitários como a insegurança alimentar, a perda de meios de subsistência, etc., que podem ser agravados devido à perda de biodiversidade na área de estudo.

Neste estudo, 24,8% dos inquiridos mudam da agricultura para outros meios de subsistência, como o pequeno comércio, serviços de turismo, etc., para gerar rendimentos para o seu agregado familiar e os que têm terras agrícolas arrendam-nas a outros, o que representa cerca de 16% dos inquiridos. Cerca de 26,5, 10,7 e 17,8 % dos inquiridos utilizaram também o trabalho diário, o apoio do PSNP e outras ajudas e a migração para outras áreas como estratégias de mitigação, respetivamente.

Para além dos métodos de mitigação acima referidos, a comunidade local tem outras estratégias de diversificação dos meios de subsistência para manter o rendimento e as opções de subsistência das suas famílias. O quadro seguinte mostra as estratégias de diversificação dos meios de subsistência da comunidade local dentro e à volta do parque nacional.

Com base nos resultados deste estudo, 40% dos inquiridos mencionaram que utilizam as Actividades Geradoras de Rendimento (AGR) fora da exploração agrícola como uma das mais importantes estratégias de diversificação dos meios de subsistência, seguidas do serviço de turismo, que representa cerca de 21% da resposta dos inquiridos. A comunidade local também utiliza o pequeno comércio (18,2%) e o emprego no sector dos serviços (6,3%) como estratégias de melhoria dos meios de subsistência na área de estudo.

Quadro 13: Estratégias de diversificação dos meios de subsistência

Estratégias de subsistência	N	Respostas (%)
Pequenos negócios e comércio de pequena escala	37	18.2
Serviços de turismo e	43	21.2
Emprego no sector dos serviços nas zonas urbanas próximas	13	6.4
Envolver-se em AGR fora da exploração, como a engorda, a apicultura, etc.	81	39.9
Outros, como o emprego sazonal nas zonas de planície da país como trabalhador diário	29	14.3
Total	**203**	**100.0**

Fonte: Calculado a partir dos dados do inquérito, 2017

4.1.5. Vulnerabilidade da comunidade local antes e depois da criação do PNSM

Para além do valor económico da biodiversidade na área de estudo, um dos interesses e objetivo específico deste estudo era conhecer a vulnerabilidade socioeconómica das comunidades locais em relação à criação do parque nacional. Para saber exatamente o quanto a comunidade local foi afetada negativa ou positivamente numa base qualitativa, foi pedido à comunidade local que dissesse ao investigador o quanto foi afetada pela criação do parque nacional, uma vez que a criação do parque nacional pode afetar a comunidade local de uma forma ou de outra.

Para tal, foi pedido aos inquiridos que comparassem a vulnerabilidade socioeconómica e dos meios de subsistência da comunidade local antes e depois da criação do parque nacional. De acordo com as respostas obtidas, 94% dos inquiridos têm a certeza de que a vulnerabilidade socioeconómica da comunidade local diminuiu consideravelmente após a criação do parque nacional. No entanto, 3% dos inquiridos consideram que a criação do parque nacional piorou a situação da comunidade local.

Quadro 14: Comparação da vulnerabilidade atual e passada

Vulnerabilidade	N	%
Aumentar a vulnerabilidade	6	3.0
Reduzir a vulnerabilidade	191	94.1
Sem alterações/como está	6	3.0
Total	**203**	**100.0**

Fonte: Calculado a partir dos dados do inquérito, 2017

Por outro lado, 28,6% dos inquiridos também consideram que a criação do parque nacional melhorou o estado da biodiversidade da área de estudo e trouxe mais vantagens para a comunidade em termos de melhoria dos rendimentos, oportunidade de emprego, instituição socioeconómica e desenvolvimento de infra-estruturas e turismo.

Quadro 15: Benefícios da criação do PNSM para a comunidade local

Benefício do SMNP	N	Resposta (%)
Melhoria do estado da biodiversidade e moderação dos efeitos adversos das alterações climáticas efeitos	58	28.6
Diversificação das opções de subsistência e dos rendimentos	48	23.6
Aumento de novas oportunidades de emprego	57	28.1
Melhoria das instituições socioeconómicas	40	19.7
Total	**203**	**100.0**

Fonte: Calculado a partir dos dados do inquérito, 2017

De acordo com o quadro 15, os inquiridos do estudo consideram que a criação do parque nacional com o objetivo de conservar a biodiversidade não só ajuda a melhorar o estado da biodiversidade, como também ajuda a diversificar as opções locais de subsistência e as fontes de rendimento da comunidade, a criar novas oportunidades de emprego em relação ao turismo, a melhorar as instituições socioeconómicas e o desenvolvimento de infra-estruturas e a contribuir para moderar os efeitos adversos das alterações climáticas. Neste estudo, 51,7% dos inquiridos mencionaram que, devido ao PNSM, as opções locais de subsistência melhoraram e foram criadas novas oportunidades de emprego, pelo que os rendimentos provenientes do turismo e dos serviços conexos aumentam periodicamente. Além disso, 19,7% dos inquiridos mencionaram que foram construídas instituições socioeconómicas, como escolas, instituições de saúde, alojamentos comunitários, hotéis e outras, para prestar serviços aos turistas internacionais e nacionais e à comunidade local. Isto ajuda a reduzir a influência humana no parque nacional e o estado da biodiversidade melhorou relativamente quando comparado com outras áreas fora do parque nacional.

4.2 Estimativa e discussão dos resultados econométricos da experiência de escolha

Nesta secção, os resultados econométricos da análise, tais como o modelo logit multinomial de base, o modelo logit multinomial alargado, os resultados do modelo logit de parâmetros aleatórios e a disponibilidade para pagar, bem como a alteração do bem-estar agregado, foram discutidos em pormenor.

Fauna e Flora é o número e o estado das espécies da fauna e da flora, bem como os seus habitats no PNSM e nas suas imediações.

Os serviços ecossistémicos são a quantidade de recursos ambientais e os números de serviços ecossistémicos obtidos da área são alguns dos benefícios da biodiversidade da área de estudo. A quantidade e o uso da biodiversidade no estudo são determinados pela disponibilidade e acessibilidade dos serviços ecossistémicos para uso doméstico da comunidade local (para água humana e animal, pastagem, produção e produtividade agrícola, regulação climática, etc.), uso direto, fontes de rendimento da venda, acessibilidade dos recursos para a comunidade local, fontes de água para os utilizadores a jusante e hidráulica eléctrica, etc. É medido em termos do número de estações com água, utilização direta da floresta, serviços de regulação climática, etc.

Instalações turísticas e desenvolvimento de infra-estruturas O ecossistema do SMNP tem sido um dos destinos potenciais para turistas locais e estrangeiros. No PNSM e nos seus arredores, o turismo tem sido utilizado como uma das principais fontes de rendimento e uma das principais opções de subsistência para a comunidade local. Por conseguinte, o desenvolvimento e a melhoria dos serviços turísticos são fundamentais para aumentar o número e a satisfação dos turistas, o que tem uma relação direta com as receitas geradas pelo sector. Além disso, o desenvolvimento da qualidade recreativa do local, como infra-estruturas, hotéis (lodges), instalações de repouso, instalações de informação, etc., é crucial para atrair turistas. A comunidade local pode obter benefícios destas melhorias direta ou indiretamente, incluindo a criação de novas oportunidades de emprego e a geração de rendimentos directos no caso de diferentes taxas.

O pagamento monetário é um pagamento anual para a melhoria e gestão do ecossistema no PNSM e nas suas imediações (como imposto anual ou nova introdução de uma taxa de conservação).

4.2.1. Modelos Logit Multinomiais

Nesta secção, os resultados dos modelos multinomiais básico e alargado foram discutidos em pormenor.

4.2.1.1. Resultado do modelo logit multinomial básico (MNL)

O resultado estimado do modelo logit multinomial básico no Quadro 16 mostra que todos os atributos, nomeadamente a fauna e a flora, os serviços ecossistémicos, as instalações turísticas e o desenvolvimento de infra-estruturas e o pagamento monetário/taxa de conservação, são altamente significativos ao nível de 1% e o seu sinal é positivo, exceto a WTP, que é negativa, como esperado.

A categoria de base para este estudo é o status quo. Neste estudo, a Constante Específica de Alternativa (CSE) foi utilizada para refletir a categoria de base. A ASC assume o valor 1 para os atributos com alterações e/ou plano de melhoria (plan1 e plan2) nos conjuntos de escolha, e 0 para a opção de base (status quo).

Quadro 16: Resultado do modelo logit multinomial de base

Variável	Coeficiente	Erro padrão

ASC	1.83***	0.41
ETA	-0.04***	0.00
FAUNAF	0.87***	0.19
ECOSYS	1.07***	0.20
TOURMFA	0.94***	0.20
RESUMO		
Log-verossimilhança		-570.34
Pseudo R^2		0.12
Número de observações		1015

*** Significativo a 1%; ** significativo a 5%; * significativo a 10%

Fonte: Calculado a partir dos dados do inquérito, 2017

O resultado do modelo logit multinomial básico (MNL) acima referido revelou que todos os atributos são altamente importantes para determinar a melhoria da biodiversidade e a

gestão da área de estudo. Isto significa que um aumento do nível destes atributos aumentará definitivamente a probabilidade de escolher um cenário melhorado, o que implica que a melhoria dos atributos positivos conduz a uma maior utilidade do inquirido, juntamente com o respetivo cenário de melhoria dos atributos.

É evidente que os inquiridos atribuíram um peso elevado a todos os atributos e ao seu plano de melhoramento. Isto pode dever-se ao facto de os inquiridos terem um bom conhecimento da importância da fauna e da flora, dos serviços ecossistémicos, das instalações turísticas e do desenvolvimento das infra-estruturas, bem como dos benefícios directos e indirectos que podem obter com o plano de melhoramento destes atributos.

Como bom exemplo, os inquiridos, especialmente os que vivem no interior das 38 KAs que fazem fronteira com o PNSM, beneficiaram de muitas formas das instalações turísticas e do desenvolvimento de infra-estruturas. Além disso, se estes planos de melhoramento forem implementados com êxito, os rendimentos dos serviços turísticos aumentarão, serão criadas novas oportunidades de emprego para as comunidades locais, serão construídas instituições socioeconómicas que poderão ser utilizadas pelas comunidades locais para além dos turistas, como o acesso a estradas para todas as estações, serviços de hotelaria, etc. Para além disso, a jusante e outras pessoas fora da zona tampão beneficiarão dos serviços ecossistémicos que obtêm da melhoria da biodiversidade a todos os níveis. Assim, uma melhoria destes atributos de sinal positivo aumenta a probabilidade de escolher o cenário alternativo melhorado com um nível mais elevado destes atributos, citrus paribus.

O sinal da taxa de conservação/atributo monetário/ é negativo, como esperado, e significativo ao nível de 1%. Isto implica que os inquiridos são contra o nível de pagamento mais elevado no cenário alternativo, mantendo-se os outros factores constantes. Um cenário alternativo com um nível de pagamento mais elevado não era preferido pelos inquiridos, o que significa que a utilidade dos inquiridos era baixa para esse cenário alternativo. A constante específica alternativa (ASC) tem um sinal positivo e é significativa ao nível de 1%, o que implica que há uma melhoria do bem-estar quando escolhemos um cenário melhorado em vez do status quo.

4.2.1.2. Resultado do modelo logit multinomial alargado

O modelo logit multinomial alargado foi estimado com a interação das co-variáveis socioeconómicas com a ASC. O objetivo desta estimativa é verificar o efeito das co-variáveis socioeconómicas no modelo.

Quadro 17: Modelo Logit Multinomial Alargado

Variável	Coeficiente	Erro padrão
ASC	3.48***	0.57
ETA	-0.02**	0.01
FAUNAF	1.00***	0.20
ECOSYS	1.13***	0.20
TOURMFA	1.06***	0.20
ASC*SEX	-0.16	0.20

ASC*AGE	-0.05***	0.01
ASC*FAMSIZE	-0.04	0.09
ASC*NUMDEPS	-0.12	0.11
ASC*EDUC	-0.10**	0.03
ASC*RENDIMENTO	-0.32	0.87
ASC*NOLIVEST	0.00	0.01
ASC*DISKM	-0.14**	0.05
RESUMO		
Log-verossimilhança		-385.75
Pseudo R^2		0.4
Número de observações		1015

*** Significativo a 1%; ** significativo a 5%; * significativo a 10% Fonte: Calculado a partir dos dados do inquérito, 2017 O resultado da estimativa do modelo logit multinomial alargado mostra que, à exceção da melhoria do atributo monetário/WTP, os outros atributos têm o mesmo resultado que o do modelo logit multinomial básico. Todos os atributos são altamente significativos ao nível de 1%.

O coeficiente da interação da ASC com as características socioeconómicas e demográficas de idade, educação e distância é significativo ao nível de 1%. No entanto, a dimensão da família, o número de dependentes e o número de cabeças de gado não são significativos, embora o seu sinal seja o esperado.

O resultado do modelo logit multinomial alargado mostra que a idade é significativa ao nível de 1%, mas com sinal negativo. Isto deve-se ao facto de 66,5% dos inquiridos para este estudo estarem abaixo do nível de idade[5] médio e 10,3% dos inquiridos estarem no nível de idade superior. Esperava-se que quanto mais jovem a pessoa se tornasse menos responsável pela conservação da biodiversidade e não estivesse disposta a pagar por planos de melhoria da biodiversidade. No entanto, de acordo com o resultado da tabela acima, verificou-se o inverso: as pessoas mais

5 O nível de meia-idade é 30-50

velhas mostraram-se desinteressadas e pouco dispostas a pagar por um plano de melhoria da biodiversidade, o que significa que a probabilidade de escolher um plano melhorado é menor do que a probabilidade de escolher o status quo.

Quadro 18: Categoria de idade dos inquiridos

Categoria de idade	**N**	**Resposta %**	**Nível etário**
18-30	47	23.2	Jovem
31-40	75	36.9	Médio
41-50	60	29.6	Médio
51-60	21	10.3	Mais velho
Total	203	100.0	

Fonte: Calculado a partir dos dados do inquérito, 2017

Do mesmo modo, a co-variável educação é significativa ao nível de 5% com sinal negativo. Isto mostra que, como 31,5% dos inquiridos são analfabetos, pode concluir-se que, na zona rural, a maioria das pessoas entrevistadas é analfabeta, razão pela qual o coeficiente de educação está negativamente correlacionado. Isto significa que, quanto mais analfabetas forem as comunidades locais, não estarão dispostas a pagar pelo plano de melhoramento, o que era de esperar. Isto deve-se ao facto de o aumento do número de anos de escolaridade poder melhorar o conhecimento e a compreensão da comunidade local e de esta se ter tornado consciente da importância da biodiversidade.

Outras co-variantes socioeconómicas e demográficas (dimensão da família, número de dependentes, rendimento e número de cabeças de gado) são negativas e insignificantes, mesmo a um nível de significância mais elevado. Isto implica que a interação destas variáveis não é um fator significativo que afecte a probabilidade de escolher os planos de melhoramento.

De acordo com os resultados do quadro 17, a distância do parque nacional é significativa ao nível de 1% com sinal negativo, como esperado. Isto mostra que as pessoas que vivem perto do parque nacional estão dispostas a aceitar o plano de melhoramento do que as pessoas que vivem longe do parque nacional. Isto deve-se ao facto de, na maior parte das vezes, as pessoas que vivem perto do parque nacional serem altamente dependentes do parque nacional e da sua zona tampão para os serviços e recursos do ecossistema do parque. Para além dos serviços ecossistémicos, uma pessoa que vive perto do parque nacional beneficia de instituições socioeconómicas, serviços turísticos e outros. Assim, estarão dispostas a pagar pelo plano de melhoramento e a probabilidade de escolherem o plano de melhoramento é maior do que as pessoas que vivem longe do parque, citrus paribus.

Tal como no modelo logit multinomial básico, o resultado ASC foi positivo e significativo, o que mostra que houve uma melhoria do bem-estar na escolha do plano de melhoria.

O poder explicativo global do modelo foi avaliado utilizando o Pseudo R^2 de McFadden. De acordo com Birol *et al.* (2005), quando o valor de R^2 se situa entre 0,2 e 0,4, diz-se que o modelo tem um bom ajuste. No caso deste estudo, os valores do Pseudo R^2 para o NLM básico e o NLM alargado foram de 0,12 e 0,4, respetivamente. Neste caso, a inclusão das variáveis socioeconómicas melhora muito o poder explicativo do modelo e o MNL alargado torna-se muito mais adequado do que o modelo logit multinomial básico.

4.2.2. Modelo Logit Paramétrico Aleatório (RPL)

O logit de parâmetros aleatórios foi estimado para ter em conta a heterogeneidade das preferências não observadas e a possível violação do pressuposto da independência das alternativas irrelevantes (IIA).

De acordo com Alpizar *et al.*, 2001, o modelo logit multinomial tem dois problemas principais. O primeiro problema é o pressuposto da Independência das Alternativas Irrelevantes (IIA), que pode não se manter. Isto significa que a propriedade IIA, que resulta do pressuposto de distribuição independente e idêntica (IID), afirma que o rácio das probabilidades de escolha entre duas alternativas num conjunto de escolha não é afetado por outras alterações de alternativas nesse conjunto de escolha. Isto significa que, se acrescentarmos ou retirarmos um novo cenário alternativo em relação ao existente, a probabilidade de escolha do primeiro cenário alternativo não será afetada. O segundo problema é que, embora a heterogeneidade observada possa ser incorporada no modelo através da interação das características socioeconómicas com os atributos ou ASC, o MNL não tem em conta a variação do teste ou a heterogeneidade não observada entre os inquiridos individuais. Assim, a RPL é utilizada para incorporar a heterogeneidade não observada. Não foi possível efetuar o teste de Hausman para determinar se o pressuposto IIA é violado no modelo logit multinomial, uma vez que a matriz de diferenças era definida de forma negativa. Mas o resultado do modelo RPL é apresentado no quadro seguinte, que se crê resolver os dois problemas do MNL.

Quadro 19: Resultado do modelo Logit de parâmetros aleatórios

Variável	Coeficiente	Robusto Erro padrão	
ASC	5.80***	1.29	
ETA	-0.01**	0.00	
FAUNAF	0.92***	0.19	
ECOSYS	1.02***	0.20	
TOURMFA	0.98***	0.20	
RESUMO			
Log-verossimilhança			-354.57
Pseudo R^2			0.45
Número de observações		1015	

*** Significativo a 1%; significativo a 5%; significativo a 10% Fonte: Calculado a partir dos dados do inquérito, 2017.

O resultado acima estimado do modelo logit de parâmetros aleatórios mostra que o sinal e o nível de significância dos coeficientes são semelhantes aos do resultado dos modelos logit multinomiais. No entanto, verifica-se uma certa melhoria na magnitude do coeficiente para o atributo pagamento monetário/PTD. Os quatro atributos deste modelo são significativos ao nível de 1%. O poder explicativo do modelo logit de parâmetros aleatórios, que é dado pelo nível de pseudo R^2 , é de 0,45, o que representa uma grande melhoria, enquanto o valor correspondente do modelo logit multinomial é de 0,4. Assim, verifica-se uma melhoria no ajuste do modelo ao utilizar o RPL para o conjunto de dados.

4.2.3. Estimativa da vontade marginal de pagar

O preço implícito ou a disponibilidade marginal para pagar é a taxa marginal de substituição entre os três atributos da biodiversidade e os atributos monetários (Ali, 2011). É a taxa que os inquiridos estão dispostos a pagar pela melhoria de um atributo. O valor dos preços implícitos dos diferentes atributos revelou a importância relativa dos atributos para a sociedade (Ali, 2011). O valor dos preços implícitos/valor parcial de diferentes atributos pode indicar-nos a importância relativa de cada atributo para a sociedade e/ou população-alvo. O valor da disposição marginal a pagar pode ser calculado utilizando o rácio entre o coeficiente dos atributos da biodiversidade no modelo logit de parâmetros aleatórios e o coeficiente do inverso negativo dos atributos monetários.

O resultado do valor estimado da vontade marginal abaixo revelou que os inquiridos deram um peso elevado aos serviços ecossistémicos do que outros atributos. Isto deve-se ao facto de a maioria dos inquiridos serem comunidades rurais que dependem dos recursos naturais e dos serviços ecossistémicos obtidos a partir do ecossistema.

Quadro 20: Disposição marginal a pagar (DPM)

Variável	MWTP	Erro padrão	P[I z I >z]
Fauna e flora	61.82	0.12	.0000***
Serviços ecossistémicos	68.56	0.12	.0000***
Instalações e infra-estruturas turísticas	66.03	0.13	.0000***
Desenvolvimento			

Fonte: Calculado a partir dos dados do inquérito, 2017

No quadro 20, pode observar-se que o preço implícito para todos os atributos é positivo e significativo ao nível de 1%, o que implica que os inquiridos têm uma DPP positiva para um aumento da qualidade ou da quantidade de cada atributo.

De acordo com os resultados, os inquiridos estão dispostos a pagar 68,56 birr pelo plano de melhoria dos serviços ecossistémicos, que é o pagamento mais elevado. A comunidade local também está disposta a pagar 66,03 birr por ano pelo cenário de melhoria das instalações turísticas e do desenvolvimento das infra-estruturas. Isto deve-se ao facto de a comunidade local em geral e as pessoas que vivem à volta do parque nacional em particular saberem como os serviços turísticos podem gerar rendimentos e oportunidades de subsistência para a comunidade local. Assim, aqueles que conhecem melhor a importância do turismo estão altamente dispostos a pagar por este plano de melhoramento. Os inquiridos também estão dispostos a pagar cerca de 61,82 birr por um aumento do nível da fauna e da flora, cirrus paribus. Isto não significa que a comunidade local não esteja disposta a pagar pelo plano de melhoramento do atributo fauna e flora; no entanto, preferem outros atributos mais do que a fauna e a flora.

Embora os inquiridos estejam dispostos a pagar um montante diferente por cada atributo, o resultado da estimativa revelou que os inquiridos consideram que todos os atributos são importantes, dado o nível de importância de cada atributo.

4.3 . Estimativa das medidas de bem-estar e do valor económico da biodiversidade

Um dos pontos fortes da utilização do método de avaliação Choice Experiment é o facto de os coeficientes estimados dos atributos permitirem estimar o valor de diferentes cenários a partir de uma aplicação (Bennet e Blamey, 2001). Isto significa que, a partir de um conjunto de dados de escolha, podem ser estimados os valores de diferentes cenários alternativos. A medição do bem-estar económico envolve uma investigação da diferença entre as utilidades dos indivíduos que poderiam ser alcançadas com o status quo e as alternativas de cenários alterados, que é calculada através da equação (10). As medidas de bem-estar podem ser calculadas utilizando as estimativas dos parâmetros do modelo RPL e os valores (níveis) dos atributos. Para calcular, em primeiro lugar, os valores dos atributos nas alternativas de status quo são substituídos na função de utilidade indireta. Em seguida, os valores dos atributos nos cenários de situação alterada são substituídos na função de utilidade indireta. O valor da alternativa com situação alterada é, então, subtraído do valor da alternativa de status quo e, finalmente, multiplicado pelo inverso negativo do coeficiente do atributo monetário (Getenet, 2012).

No presente documento, foram utilizados os três cenários alternativos seguintes para ilustrar a WTP global para melhorias em relação ao status quo:

Situação atual da biodiversidade na área de estudo

4- Atualmente, o número da fauna e da flora é muito reduzido e o seu habitat está muito degradado, o que deve ser melhorado. Não há aumento do número de fauna e flora e dos seus habitats,

4- Serviços ecossistémicos obtidos do parque nacional e do ecossistema em geral reduzidos devido à degradação,

4- Os serviços turísticos são fracos e de baixa qualidade e não há desenvolvimento de novas infra-estruturas no parque nacional e nas suas imediações,

Com base na situação atual, foram considerados no presente estudo os seguintes planos de melhoria

1. Cenário de melhoria 1 (cenário de melhoria de elevado impacto)

4- Aumento de 50 % do número e do estado da fauna e da flora e dos seus habitats,

5- Melhoria de todos os serviços ecossistémicos

6- Melhoria de todos os serviços turísticos (qualidade e quantidade) e desenvolvimento das infra-estruturas

2- Cenário de melhoria 2 (cenário de melhoria de impacto médio)

4- Aumento de 30 % do número e do estado da fauna e da flora e dos seus habitats,

5- Melhoria de apenas alguns serviços ecossistémicos importantes

6- Melhoria de alguns serviços turísticos (qualidade e quantidade) e algum desenvolvimento de infra-estruturas

3- Cenário de melhoria 3 (cenário de melhoria de baixo impacto)

4- Não existe um plano de melhoria do número e do estado da fauna e da flora e dos seus habitats,

5- Não há melhoria dos serviços ecossistémicos

6- Não há melhorias nos serviços de turismo nem desenvolvimento de novas infra-estruturas

Tabela 21: Disposição para pagar por cada cenário alternativo de melhoria

Cenários alternativos de melhoria	DAP anual (Birr)
Cenário de melhoria de elevado impacto	587.03
Cenário de melhoria de impacto médio	391.62
Cenário de melhoria de baixo impacto	195.41

Fonte: Calculado a partir dos dados do inquérito, 2017

O resultado estimado acima mostra que há uma mudança de bem-estar devido à melhoria da situação de status quo. O resultado também nos diz que a disponibilidade da comunidade local para pagar aumenta quando o estado da biodiversidade melhora na área de estudo. As comunidades locais estão dispostas a pagar 587,03 Birr por ano para o cenário de melhoria de grande impacto e 391,62 e 195,41 Birr para os cenários de melhoria de médio e baixo impacto, respetivamente. A disponibilidade do inquirido para pagar por cenários de melhoria aumenta do cenário de melhoria de baixo impacto para o cenário de melhoria de alto impacto. Isto porque todos os atributos são geralmente importantes mas o atributo de serviços de ecossistema é altamente importante para os inquiridos. Este resultado estimado também revelou que o inquirido está disposto a pagar pela melhoria da biodiversidade e pelos planos de gestão, qualquer que seja o nível de melhoria.

O valor económico anual global/benefícios da biodiversidade no PNSM e à sua volta (a disponibilidade agregada para pagar) para planos de melhoramento (cenários de melhoramento de baixo, médio e alto impacto) é de 7.926.806,65, 15.886.086,30 e

23.812.871,95 Birr por ano, respetivamente. Esta disponibilidade agregada para pagar foi obtida multiplicando a WTP anual pelo total de HHs (40565HHs). Este valor não reflecte todo o valor da biodiversidade para a comunidade local, regional e global obtido do PNSM. Trata-se apenas do valor da biodiversidade dentro e à volta do PNSM para a comunidade local.

4.4. Análise dos resultados das perguntas de acompanhamento

Para saber exatamente a razão pela qual os inquiridos fizeram as suas escolhas ao responderem ao exercício de escolha, foram apresentadas aos inquiridos seis perguntas de seguimento que melhor descrevem a razão pela qual fizeram a sua escolha. O Quadro 22 mostra que o resultado das perguntas de seguimento

Quadro 22: Perguntas de seguimento

Perguntas de seguimento	N	Resposta (%)
As medidas propostas eram boas, mas eu não tinha capacidade para pagar e, por isso, optei pelo status quo	24	11.8
Escolhi a opção do status quo devido a uma objeção ao montante da taxa de conservação	9	4.4
Escolhi exclusivamente o plano mais barato, independentemente dos seus níveis	15	7.4
Considerei que a melhoria do atributo biodiversidade/fauna e flora é importante e, por conseguinte, dei prioridade à escolha do nível mais elevado deste atributo	44	21.7
Considerei que o atributo serviço ecossistémico é importante e, por isso, dei prioridade à escolha do nível mais elevado deste atributo	60	29.6
Considerei que a melhoria do atributo "serviços turísticos" é importante e, por conseguinte, dei prioridade à escolha do melhor atributo	51	25.1
Total	**203**	**100.0**

Fonte: Calculado a partir dos dados do inquérito, 2017

O resultado da tabela acima revela que a escolha dos inquiridos está altamente harmonizada com a escolha que fizeram na estimativa do modelo logit multinomial e de parâmetros aleatórios. O peso mais elevado foi atribuído aos serviços ecossistémicos e o seguinte aos equipamentos turísticos e ao desenvolvimento de infra-estruturas, seguido do plano de melhoramento da fauna e da flora. Do mesmo modo, na pergunta de seguimento, o peso mais elevado foi atribuído ao plano de melhoramento dos ecossistemas.

No presente estudo, 29,6% dos inquiridos responderam que davam prioridade máxima ao nível mais elevado para os atributos dos serviços ecossistémicos. Isto deve-se ao facto de a maioria dos inquiridos serem comunidades rurais que dependem dos recursos naturais e dos serviços ecossistémicos obtidos a partir do ecossistema do Parque Nacional das Montanhas Simien. O segundo melhor peso foi atribuído à melhoria das instalações de serviços turísticos e ao atributo de desenvolvimento de infra-estruturas. De acordo com o resultado do quadro acima, 25,1% dos inquiridos responderam que o atributo "melhoria das instalações turísticas e do desenvolvimento das infra-estruturas" era relevante e escolheram a alternativa que inclui o nível mais elevado para este atributo. É evidente que a comunidade local beneficia direta ou indiretamente dos serviços turísticos. Para além do rendimento e das oportunidades de emprego, a comunidade local também beneficia das instituições socioeconómicas construídas para a melhoria dos serviços turísticos. Por outro lado, 21,7% dos inquiridos escolheram o plano de melhoramento da fauna e da flora com o seu nível mais elevado. Um número significativo de inquiridos, 11,8%, escolhe as opções de status quo, independentemente dos níveis dos atributos, uma vez que não podem pagar os custos futuros da melhoria. Com base no resultado da tabela acima, 7,4% dos inquiridos escolheram o plano mais barato, independentemente do nível dos atributos. O resultado também revelou que 4,4% dos inquiridos responderam que optaram pelo status quo devido à objeção do montante da taxa de conservação/pagamento.

5. RESUMO, CONCLUSÃO E RECOMENDAÇÃO

5.1. Resumo e conclusão

Neste trabalho, o valor económico da biodiversidade para os meios de subsistência locais foi estimado utilizando um método de avaliação não mercantil, o método de avaliação experimental de escolha. Este estudo constitui uma base essencial para os estudos de avaliação da biodiversidade na área de estudo, em particular, e no país, em geral, se fornecer informações significativas para os processos de tomada de decisão relativos à conservação da biodiversidade e à utilização correcta dos recursos.

Neste estudo, o valor da biodiversidade foi estimado utilizando modelos logit multinomiais e modelos logit de parâmetros aleatórios. O resultado estimado revelou que todos os atributos da biodiversidade foram considerados significativos, o que revelou que a probabilidade de escolher atributos da biodiversidade com um plano de melhoramento de nível mais elevado é elevada. O resultado estimado da disponibilidade marginal para pagar revelou que os inquiridos estão dispostos a pagar por todos os atributos; no entanto, deram mais valor ao atributo do serviço ecossistémico, seguido do atributo das instalações turísticas e do atributo do desenvolvimento de infra-estruturas. O peso atribuído aos atributos do ecossistema mostra que a preferência das comunidades locais por este atributo é superior à dos outros atributos.

Para além da disponibilidade para pagar, as medidas de bem-estar estimadas em diferentes cenários revelaram que o bem-estar (wellbeing) da sociedade melhora quando há uma melhoria nos diferentes atributos.

Embora este estudo não tenha sido concebido para analisar em pormenor a perda de biodiversidade e as forças motrizes, os resultados mostram que existe uma elevada degradação da biodiversidade devido a problemas induzidos pelo homem. Devido a esta elevada degradação da biodiversidade, a comunidade local é afetada no que respeita à segurança alimentar, ao efeito das alterações climáticas, à redução da produção agrícola e a outros desafios de desenvolvimento multifacetados. Contudo, a criação do PNSM reduz a vulnerabilidade da comunidade local em comparação com a vulnerabilidade socioeconómica e dos meios de subsistência antes e depois da criação do parque.

De um modo geral, o método de avaliação da biodiversidade proposto permite estimar o valor atribuído a cada atributo e estimar a vontade da comunidade local. Para além disso, ajuda a calcular a alteração do bem-estar agregado da comunidade local. O resultado tem implicações políticas para o planeamento de um plano adequado de melhoria da biodiversidade em geral e para a caraterização dos atributos da biodiversidade com base no coeficiente que lhes está associado.

5.2. Recomendação

Este artigo contribui para a literatura sobre a estimativa do valor económico da biodiversidade do PNSM utilizando o método de avaliação experimental por escolha e é o primeiro tipo de estudo sobre a avaliação económica da biodiversidade realizado na área de estudo utilizando o método de avaliação experimental por escolha.

O resultado do estudo revelou que a biodiversidade do PNSM desempenha um papel significativo na melhoria do bem-estar da comunidade local em particular e tem um significado global nas alterações climáticas em geral. Neste estudo, os inquiridos foram encontrados dispostos a pagar para a melhoria da biodiversidade do parque nacional e sua zona tampão. Embora o peso atribuído ao atributo serviço ecossistémico seja superior ao dos outros atributos, as sociedades também estão dispostas a pagar por todos os atributos.

Isto pode ser um sinal positivo para as organizações governamentais e não governamentais mobilizarem a comunidade local e internacional para gerar recursos com o objetivo de melhorar a biodiversidade e a gestão adequada dos recursos ambientais através da melhoria destes atributos.

Como o resultado do estudo revelou que os inquiridos estavam altamente dispostos a pagar pelos serviços dos ecossistemas do que outros atributos da biodiversidade. Isto indica que os inquiridos são dependentes dos recursos naturais direta ou indiretamente. Assim, é muito melhor dar a devida atenção a este indicador, caso contrário a degradação ambiental pode ser agravada e a vulnerabilidade da comunidade local tornar-se-á pior. Por conseguinte, para reduzir os efeitos negativos da comunidade e minimizar a degradação ambiental, a zona tampão do parque pode ser sistematicamente classificada em três zonas no que respeita ao pastoreio, uma vez que este é um dos serviços ecossistémicos que a comunidade local utiliza. Por conseguinte, é possível ter uma zona de pastagem livre, uma zona de pastagem restrita e zonas de pastagem proibida (corte e transporte) na zona tampão. Isto pode estar listado nos documentos de política de uso da terra, mas pode verificar-se que não é implementado de todo. Por conseguinte, o reforço da sensibilização da comunidade e a aplicação da lei podem permitir reduzir a perda de biodiversidade na zona. Isto pode ajudar a gerir os recursos e a proteger o parque nacional tanto quanto possível. No entanto, tal deve ser feito com a consciência e a consulta da comunidade local.

É igualmente importante prestar a devida atenção à melhoria das instalações turísticas e ao desenvolvimento das infra-estruturas, de modo a aumentar o fluxo de turistas nacionais e estrangeiros para o parque nacional e, consequentemente, aumentar as receitas que podem ser geradas pelo turismo. A comunidade local utiliza o turismo como uma das opções de subsistência e acolhe um número significativo da comunidade local, especialmente jovens e membros desempregados da comunidade rural. Por conseguinte, melhorar as instalações turísticas e reforçar o desenvolvimento das infra-estruturas pode não só ajudar a aumentar o fluxo de turistas e a diversificar as oportunidades de emprego, mas também a comunidade local pode beneficiar das instituições direta ou indiretamente. Isto significa que, devido ao aumento do número de turistas, o rendimento dos serviços aumenta, o que pode ajudar a comunidade local a reduzir a sua dependência da biodiversidade, por um lado, e a melhorar o estado da biodiversidade, por outro.

- De um modo geral, as autoridades competentes e os decisores políticos devem prestar a devida atenção Conceber um plano adequado de conservação e gestão da biodiversidade, melhorando estes atributos,

- Mobilizar a comunidade local e internacional para gerar fundos/rendimentos para a conservação. Em especial, o resultado da disponibilidade para pagar mostra que os inquiridos estavam dispostos a pagar por todos os atributos, pelo que é muito mais fácil para os organismos envolvidos gerar uma quantidade significativa de recursos para a conservação e reabilitação,

- A melhoria dos atributos das instalações turísticas pode ajudar a melhorar os meios de subsistência da comunidade local, aumentar o fluxo de turistas e, ao mesmo tempo, permitir uma gestão adequada dos recursos. Por conseguinte, é altamente recomendável melhorar a qualidade e a quantidade dos serviços turísticos, desenvolver as instalações turísticas e capacitar as instituições para a melhoria do sector.

- O resultado do estudo mostra que a biodiversidade tem um valor económico insubstituível para a melhoria do bem-estar da sociedade. Assim, é aconselhável tomar medidas para melhorar o estado da biodiversidade em prol da melhoria do bem-estar da sociedade em particular e do seu valor significativo para a comunidade global em geral.

Por conseguinte, a conservação e a gestão da biodiversidade do PNSM são vitais não só para proteger o património mundial, mas também pelos seus valores significativos para a comunidade local, regional e internacional, para sustentar o desenvolvimento e evitar os efeitos adversos das alterações climáticas.

REFERÊNCIA

Ali Yibrie. 2011. Valuing the economic benefit of ecotourism areas with travel cost and choice experiment methods: a case study of Simien mountain national park, tese de mestrado apresentada à Universidade de Adis Abeba, Etiópia

Alpizar. F., Carlsson. F, e Martinsson. P. 2001. Using Choice Experiments for Non-Market Valuation; Working Paper in Economics no.52, Department of Economics, Goteborg University.

Bahuguna, V. K. 2000. "Forests in the economy of the rural poor: An estimation of the dependency level". Ambio 29(3): 126-129.

Bartkowski, B.2016. A Conceptual Framework for Economic Valuation of Biodiversity, Centro Helmholtz de Investigação Ambiental (UFZ), Permoserstrabe 15, D-04318 Leipzig, Alemanha.

Batabyal, A. A., e Beladi, H. 2006. "Renewable Resource Management in Developing Countries: How Long Until Crisis?", Review of Development Economics, 10(1), 103-112, 2006.

Bene, C., Steel. E. 2009. "Fish as the "bank in the water" - Evidence from chronicpoor communities in Congo." Food Policy 34(1): 108-118.

Bennett, J. e Blamey, R. 2001. The Choice Modeling Approach to Environmental valuation: New Horizons in Environmental Valuation, Edward Elgar Publishing Limited, Reino Unido.

Bhaskar Vira e Andreas Kontoleon. 2010. Dependence of the poor on biodiversity: which poor, what biodiversity? Universidade de Cambridge.

Birol E., Karousakis K., e Koundouri P. 2005. Using a Choice Experiment to Account for Preference Heterogeneity in Wetland Attributes: The Case of Cheimaditida Wetland in Greece; Environmental Economy and Policy Research

Discussion Paper Series, Department of Land Economy, Universidade de Cambridge.

Birol, E., Cox, V. 2007. Using Choice Experiments to Design Wetland Management

Programmes: The Case of Severn Estuary Wetland, UK". *Journal of Environmental Planning and Management 50(3): 363-380.*

Boxall, P., Adamowicz, W. 2001. Future directions of Stated Choice Methods for Environmental Valuation; documento preparado para o workshop sobre Choice Experiments, A New Approach to Environmental Valuation, Londres, Inglaterra.

C. Bertram, K. Rehdanz. 2013. A eficácia ambiental da Diretiva-Quadro Estratégia Marinha da UE Mar. Policy, 38 (2013), pp. 25-40.

Cavendish, W. 2000. "Empirical Regularities in the Poverty-Environment Relationship of Rural Households: Evidence from Zimbabwe". World Development 28(11): 1979-2003.

Christie M. 2006. A valuation of biodiversity in the UK using choice experiments and contingent valuation, Londres.

Christie, M., Fazey, I., Cooper, R., Hyde, T., Deri, A., Hughes, L., Bush, G., Brander, L., Nahman, A., de Lange, W., & Reyers, B. 2008. An Evaluation of 19 Economic and Non-Economic Techniques for Assessing the Importance of Biodiversity to People in Developing Countries [Avaliação de 19 técnicas económicas e não económicas para avaliar a importância da biodiversidade para as populações dos países em desenvolvimento]. London: DEFRA.

Christie, M., Hanley, N., Warren, J., Hyde, T., Murphy, K., & Wright, R. 2007. Valuing Ecological and Anthropocentric Concepts of Biodiversity: A Choice Experiments Application.

Christie, M., Warren, J., Hanley, N., Murphy, K., Wright, R, Hyde, T., e Lyons, N. 2004. Developing measures for valuing changes in biodiversity relatório final, Londres.

Coomes, O. T., B. L. Barham. 2004. "Targeting conservation-development initiatives in tropical forests: insights from analyses of rain forest use and economic reliance among Amazonian peasants." Ecological Economics 51(1-2): 47-64.

Costanza R. 2007. Biodiversity and ecosystem services: A multi-scale empirical study of the relationship between species richness and net primary production, Ecological Economics 61, 478-491.

Dale Ann. 2014. Biodiversidade e Desenvolvimento Sustentável: Vol. I.

Dawit Woubishet Mulatu. 2014. Dissertação de doutoramento sobre a ligação da economia ao ambiente: Utilização de Sensoriamento Remoto e Pagamento por Serviços Ambientais (PES) na Bacia Hidrográfica do Lago Naivasha, Quénia.

De Groot RS, Brander L, Ploeg S, Costanza R, Bernard F, Mike Christie BL, Crossman N, Ghermandi A, Hein L, Hussain S, Kumar P, McVittie A, Portela R, Rodriguez LC, Brinkm P, van Beukering P. 2012. Estimativas globais do valor dos ecossistemas e dos seus serviços em unidades monetárias. Ecosystem Services 1:50-61.

DEFRA (Departamento do Ambiente, Alimentação e Assuntos Rurais). 2007. Well-being: International policy interventions, Department for Environment, Food and Rural Affairs, Londres.

Demir, A. 2013. Economia da biodiversidade: A importância dos estudos destinados a avaliar o valor económico da diversidade biológica. Universidade de Aksaray, Turquia.

Ding, H., 2011. Economic Assessment of Climate Change Impacts on Biodiversity, Ecosystem Services and Human Wellbeing: An Application to European Forest Ecosystems, dissertação de doutoramento apresentada em janeiro de 2011 ao Departamento de Economia da Universidade Ca'Foscari de Veneza, Itália

Du Castel. 2007. Introdução teórica à África contemporânea: 222, 19.

FAO (Organização das Nações Unidas para a Alimentação e a Agricultura), 2012. States of the worlds forest, Roma, Itália.

FAO (Organização das Nações Unidas para a Alimentação e a Agricultura). 2002. The State of the World Fisheries and Aquaculture (2002). Roma: FAO.

Fisher, M. 2004. "Household welfare and forest dependence in Southern Malawi."

Environment and Development Economics 9(02): 135-154.

Fu, Y. N., J. Chen. 2009. "O papel dos produtos florestais não-madeireiros durante a mudança de ecossistema agrícola em Xishuangbanna, sudoeste da China". Forest Policy and Economics 11(1): 18-25.

Gatzweiler, F.W. 2006. Organizar uma economia pública de serviços ecossistémicos para sustentar a Biodiversidade. Ecological Economics 59, 296-304.

Gete Z. 2010. A Study on Mountain Externalities in Ethiopia [Um estudo sobre as externalidades da montanha na Etiópia]. Agricultura Sustentável e Desenvolvimento Rural, Relatório Final, Adis Abeba, Etiópia.

Getenet Birhanu, 2012. Valuation of Choke Mountain Range Wetland Ecosystem, East Gojjam, Amhara Region, Ethiopia: Application of Choice Experiment Valuation Method, tese de mestrado apresentada à Universidade de Adis Abeba.

Gilbert A.A., Gerald L., Grace B.M, Paul J.R., e Manuela D.A. 2014. Desenvolvimento de atributos e níveis de atributos para uma experiência de escolha discreta sobre micro seguros de saúde nas zonas rurais do Malawi.

GreenFacts 2005. "Factos científicos sobre a biodiversidade e o bem-estar humano". Recuperado em abril de 2016, de www.greenfacts.org.

Hanley, N., Mourato S., e Wright R.E. 2001. Choice Modeling Approach: A superior Alternative for Environmental Valuation; Journal of Economic Surveys 15, 435-462.

Hanley, N., Shorgren, J.F., e White, B. 2007. Environmental Economics in Theory and Practice 2nd edition, NY, Palgrave Macmillan.

Hartter Joel e Kevin Boston. 2007. "An integrated approach to modeling resource utilization for rural communities in developing countries" Journal of Environmental Management 85 (2007) 78-92

Hensher, D. A., Rose, J. M., & Greene, W. H. 2005. Applied Choice Analysis - A Primer (p. 717). Cambridge: Cambridge University Press.

Heywood, V.H. 1995. Global Biodiversity Assessment, Programa das Nações Unidas para o Ambiente, Cambridge University Press.

Jin-Oh Kim. 2008. "An Integrative Area Selection Method for Biodiversity Conservation in the DMZ and the CCZ of South Korea".

Jochem Jantzen. 2006. O valor económico dos recursos naturais e ambientais: TME, Instituto de Economia Ambiental Aplicada.

Jodha, N. S. 1992. "Common property resources: a missing dimension of development strategies". World Bank Discussion Papers 169.

Kahneman, D., Knetsch, J.L., Thaler, R.H. 1991. *The endowment effect, loss aversion and status quo bias. Journal of Economic Perspectives* 5, 193-206.

Kamanga, P., P. Vedeld. 2009. "Rendimentos florestais e meios de subsistência rurais no distrito de Chiradzulu, Malawi." Ecological Economics 68(3): 613-624.

Kontoleon, A., P. Unai & T. Swanson (Eds.), Biodiversity Economics: Principles, Methods and Applications. (pp. 343 - 368). Cambridge: Cambridge University Press.

Kontoleon, A., Pascual, U. 2007. Incorporating Biodiversity into Integrated Assessments of Trade Policy in the Agricultural Sector. Volume II: Um manual de referência.

Korsgaard, L. 2006. Environmental Flows in Integrated Water Resources Management (Fluxos ambientais na gestão integrada dos recursos hídricos): Linking Flows, Services and Values. Instituto do Ambiente e dos Recursos da Universidade Técnica da Dinamarca.

Korsgaard, L., e Schou, J. S. 2010. Avaliação económica dos serviços dos ecossistemas aquáticos nos países em desenvolvimento. Política da Água 12:20-31.

Koziell, I., C. McNeill, 2002. Building on Hidden Opportunities to Achieve the Millennium Development Goals: Poverty Reduction through Conservation and Sustainable Use of Biodiversity (Redução da Pobreza através da Conservação e Utilização Sustentável da Biodiversidade). IIED London e UNDP Equator Initiative, Nova Iorque.

Lancaster, KJ. (1966). *A New Approach to Consumer Theory*; *Journal of Political Economy*, Vol.74 No. 2 pp.132-157, publicado pela University of Chicago Press.

Levang, P., E. Dounias. 2005. "Fora da floresta, fora da pobreza?" Forests, trees and livelihoods 15(2): 211-235.

Levin, S. 1999. Fragile Dominion: Complexity and the Commons, Perseus, Books Reading, MA.

MA, (Avaliação do Ecossistema do Milénio). 2005. Ecosystems and Human Wellbeing: Síntese. Island Press, Washington, DC, Copyright © 2005 World Resources

Ma, Tuong Duong, Nghe An, Vietname". Ecological Economics 60(1): 65-74.

Mace. G.M, K. Norris, A.H. Fitter. 2012. Biodiversidade e serviços ecossistémicos: uma relação de múltiplas camadas Trends Ecol. Evol., 27 (1) (2012), pp. 19-26

Mamo, G., Sjaastad, E. 2007. "Dependência económica dos recursos florestais: A case from Dendi District, Ethiopia". Forest Policy and Economics 9(8): 916-927.

MEA (Millennium Ecosystem Assessment). 2005. Biodiversity in Millennium Ecosystem Assessment, 2005: Ecosystems and Human Well-being: Respostas políticas, Volume 3, Island Press.

MEA (Avaliação do Ecossistema do Milénio). 2005. Living Beyond our Means-Natural Assets and Human Well Being (Viver para além dos nossos meios - Bens naturais e bem-estar humano). Instituto de Recursos Mundiais.

Meinard,Y. e Grill, P. 2011. The economic valuation of biodiversity as an abstract good, vol.70, issue 10, pp 1707-1714.

Merode, E., K. Homewood. 2004. "The value of bush meat and other wild foods to rural households living in extreme poverty in Democratic Republic of Congo." Biological Conservation 118(5): 573-581.

Morrison, M., Bennett, J.W., e Blamey, R.1999. Valuing Improved Wetland Quality Using Choice Modeling, Water resources research 35: 2805-2814.

Muhammed, N., F. Haque. 2008. "The role of participatory social forestry in the enhancement of the socio-economic condition of the rural poor: Um estudo de caso da Divisão Florestal de Dhaka no Bangladesh". Forests Trees and Livelihoods 18(4): 395-418.

Narain, U., S. Gupta. 2008. "Poverty and resource dependence in rural India", Ecological Economics 66(1): 161-176.

Nature and Science, 2012; 10(12), recuperado de http://www.sciencepub.net/nature

Neville A., Asghar F. 2007. Biodiversidade, Capítulo 5.

Nunes, P., & van den Bergh, J. 2001. Economic Valuation of Biodiversity: Sense or Nonsense? Ecological Economics, 39(2), 203-222.

OBf (OSTERREICHE BUNDESFOREST AC). 2009. Avaliação do valor do sistema de áreas protegidas da Etiópia, "Making the Economic Case"

OCDE (Organização para a Conservação da Diversidade Ambiental), 1999. Handbook of Incentive Measures for Biodiversity, Design and Implementation, OCDE: Serviço de Publicações.

Pearce, D. 2006. Environmental Valuation in Developing Countries: Case Studies. . Cheltenham: Edward Elgar.

Perman, R., Y. Ma, J. McGilvray e M. Common. 2003. Natural Resource and Environmental Economics, 3rd Edition, Pearson Education Ltd., Edinburgh,

Perrings C., Maler K.-G., Folke C., Holling, C.S., Jansson, B.O. 1995. Framing the problem of biodiversity loss, In: Perrings, C., Maler, K.-G., Folke, C., Holling, C.S., Jansson, B.-O. (Eds.), Biodiversity Loss. Economic and Ecological Issues, Cambridge University Press, Cambridge, pp. 1-17.

Philip, L.J., e MacMillan, D.C. 2005. Exploring Values, Context and Perceptions in Contingent Valuation Studies (Explorando Valores, Contexto e Percepções em Estudos de Avaliação Contingente): The CV Market Stall Technique and Willingness to Pay for Wildlife Conservation. Journal of Environment Planning and Management

48(2):257-274.

Polasky S., Costello C., Solow A. 2005. The Economics of Biodiversity Chapter 29 in K.-G., Maler, J.R., Vincent (Eds.), Handbook of Environmental Economics, Volume 3, Elsevier Science.

Raphaël Billé, Renaud Lapeyre e Romain Pirard, " Biodiversity conservation and poverty alleviation: a way out of the deadlock? ", S.A.P.I.EN.S [Online], 5.1 | 2012, Online desde 06 de novembro de 2012, ligação em 16 de outubro de 2015. URL: http://sapiens.revues.org/1452

Sally Kirkpatrick. 2011. Natural and Built Coastal Assets, Part 1: Natural Coastal Assets National Climate Change Adaptation Research Facility (NCCARF), Áustria

Schei e McNeill, 2002. A World Submit on Sustainable Development, Joanesburgo.

Shah, A, 2014. A conservação da vida na Terra. Recuperado de http://www.biodiv.org/doc/publications/cbd-leaflet.asp.

Sinafikeh Asrat, 2008. Economic Analysis of Farmers' Preferences for Crop Variety Traits Using a Choice Experiment Approach: Lessons for On-Farm Conservation and Technology Adoption in Ethiopia, Tese apresentada à Universidade de Adis Abeba.

TEEB (The Economics of Environment and Biodiversity), D0. 2010. A economia da avaliação dos serviços ecossistémicos e da biodiversidade.

Instituto Etíope de Conservação da Biodiversidade e Estabelecimento de Investigação, agosto de 2011, Proclamação n.º 120/1998.

Thurstone, L. L. 1927. A law of comparative judgment. Psychological Review, 34 273-286

Tilman D. 1997. A influência da diversidade funcional e da composição nos processos ecosistémicos. Science 277, 1300-1302.

Tom Barker, Martin Mortimer e Charles Perrings. 2010. Biodiversity, Ecosystems, and Ecosystem Services: capítulo, 2.

Nações Unidas, 2008. Relatório sobre os Objectivos de Desenvolvimento do Milénio,

Nova Iorque.

van Beukering, P., Brander, L. M., Tompkins, E., & McKenzie, E. 2007. Valuing the Environment in Small Islands: An Environmental Economics Toolkit. Peterborough: Joiint Nature Conservation Committee.

Vedeld, P., Angelsen, A., Sjaasrad, E. e Berg, G.K. 2004. "Counting on the Environment: Forest Incomes and the Rural Poor", Environmental Economics

Series No. 98, Departamento Ambiental do Banco Mundial, Banco Mundial, Washington D.C.

Viet Quang, D. e T. Nam Anh. 2006. "Recolha comercial de PFNL e agregados familiares que vivem nas florestas ou perto delas: Estudo de caso em Que, Con Cuong e

Watson, R.T., Heywood, V.H., Baste, I., Dias, B., Gâmez, R., Janetos, T., Reid, W., Ruark, G. 1995. Global Biodiversity Assessment, Summary for Policy-Makers. Camridge University Press, Cambridge (publicado para o Programa das Nações Unidas para o Ambiente).

WRI (World Resources Institute), 2005. A riqueza dos pobres: Gerir os ecossistemas para combater a pobreza. Washington D.C.: Instituto de Recursos Mundiais.

Wunder, S. 2014. Forests, Livelihoods, and Conservation (Florestas, meios de subsistência e conservação): Broadening the Empirical Base, World Development , http://dx.doi.org/10.1016Zj.worlddev.2014.03.007

Referências Web:

http://www.birdlife.org/sites/default/files/attachments/people-and-biodiversity.

http://www.cbd.int/doc/meetings/cop/cop-11/official/cop-11-35-en.pdfhttp://www.cms.int/about/nbsap/cbd_cop10_decision.pdf
http://www.ecosystemvaluation.org/1-02.htm

http://www.eniscuola.net/en/argomento/biodiversity1/biological-diversity/why-do-we-need-biodiversity/

http://www.sciencepub.net/nature

https://halshs.archives-ouvertes.fr/halshs-
00799175https://www.cbd.int/doc/world/et/et-nbsap-01 -en.pdf
https://www.irishaid.ie/media/irishaid/allwebsitemedia/20newsandpublications/publicationpdfsenglish/environment-keysheet-3-bio-diversity.pdf

https://www.researchgate.net/publication/239832478_A_valuation_of_biodiversity_in_the_UK_using_choice_experiments_and_contingent_valuation?enrichId
www.globalbusiness.uk.com

www.sd-commission.org.uk/pages/our-role.html

APÊNDICE

Programa de entrevistas da experiência de escolha

UNIVERSITY OF GONDAR COLLAGE OF AGICLTURE AND RURAL TRANSFORMATION DEARTMENT OF AGRICULTURAL ECONOMICS

Programa de entrevistas para experiências de escolha preparado para o valor económico da biodiversidade para os

meios de subsistência locais no SMNP e nas suas imediações, Zona Norte de Gondar, Etiópia.

Este questionário foi concebido por Misganaw Eyassu, que está atualmente a estudar na Universidade de Gondar, no Mestrado em Economia Agrícola, para recolher dados primários de diferentes agregados familiares, a fim de abordar o objetivo da investigação sobre a avaliação da biodiversidade realizada apenas para fins académicos. Em Economia Agrícola, para recolher dados primários de diferentes agregados familiares, a fim de responder ao objetivo da investigação de avaliação da biodiversidade realizada apenas para fins académicos. A maior parte da comunidade local que vive nos distritos circundantes é altamente dependente do rendimento gerado pela agricultura, turismo, rendimento da venda de recursos naturais e outras fontes de rendimento baseadas na natureza.

No entanto, não existem resultados de estudos que possam mostrar o montante do rendimento anual gerado pela biodiversidade e pelas fontes de rendimento baseadas na natureza. Além disso, o valor de mercado da biodiversidade e dos recursos naturais não é claramente conhecido, uma vez que a maioria dos agregados familiares recolhe recursos do parque nacional e consome-os a nível doméstico. Não só o valor de mercado, mas também a contribuição e o papel da biodiversidade para os meios de subsistência locais não são claramente conhecidos nas zonas protegidas da Etiópia e nas suas imediações.

Assim, o objetivo desta investigação é estimar o valor e o papel da biodiversidade para a opção de subsistência local dentro e à volta do parque nacional. Esta entrevista não tem qualquer finalidade sem fins académicos e não tem qualquer ligação com as autoridades fiscais e fundiárias.

Por isso, não hesite em dizer qualquer coisa relacionada com o título pretendido que considere importante para estimar o valor da biodiversidade no reforço da conservação da biodiversidade e na melhoria dos meios de subsistência da comunidade local.

Agradecemos desde já o vosso tempo e disponibilidade para fornecerem as informações necessárias sobre as questões abaixo indicadas.

A. __Questões gerais socioeconómicas e demográficas__

Código dos inquiridos (----------- a preencher/fornecer pelos enumeradores, que pode ser iniciado por

Nome da KA e 001, 002, etc., por exemplo, AJ001: Argenjona 001)

1. Endereço do inquirido (facultativo): Endereço do inquirido: Zona -------------------- Distrito ----

   Aldeia de Kebele ---------------------

2. Distância do parque nacional? (------------------------ Pode ser expressa pelo tempo que demora a

deslocação da residência para o parque nacional)

3. Sexo dos inquiridos

1. Fêmea 2. Masculino

4. Dimensão da família, quantas pessoas vivem na casa (Número de membros do agregado familiar)?

1. 1-22 . 3-5 3. >5

5. Número de pessoas a cargo no agregado familiar (<13 e >60)?

1. 22. 33. 44. 55.>5

6. Idade dos inquiridos: -------------- anos?

1. 18-302 . 31-403 . 41-504 . 51-605. >60

7. Estado civil

1. Solteiro(a)/não casado(a)4 . Viúva

2. Casado5 . Separado

3. Divorciado6 . Outro (por exemplo, coabitação sem casamento), especificar ---

8. Religioso

1. Cristão (Ortodoxo) 4. Pagão

2. Cristão (Protestante, Jeová, Católico, etc.) 5. Outro Por favor, especifique --------

3. Muçulmano

9. Educação

1. Analfabeto2 . Ler e escrever3 . Ensino primário (1-4)

4. Ensino básico (5-8) 5 . Ensino secundário (9-10) 6. Ensino secundário (11-12)

7. Certificado8 . Diploma9 . Grau

10. > Grau

10. Qual é a sua profissão?

1. Agricultura/exploração agrícola (especificar) 2. Comércio 3. Turismo (Especificar)

4.

Funcionários públicos5 . Organizações não governamentais, incluindo privadas

sectores6 . Outros (Especificar) -----------------

11. Principais fontes de rendimento do agregado familiar?

1. Agricultura2 . Turismo

3. Comércio (especificar) 4 -----------------. Actividades extra-agrícolas (especificar)

5. Venda de recursos naturais (carvão vegetal, lenha, outros) 6. Remessas de dinheiro

7. Outros (Especificar) -----------

12. Exploração da terra do agregado familiar (dimensão da terra) dimensão atual da terra do agregado familiar

1. 0-0,5 Ha4. 1,5-2 Ha

2. 0,5-1 Ha 5.>2 Ha

13. A propriedade fundiária do agregado familiar (dimensão da terra) antes e depois da publicação do PNSM, a dimensão foi reduzida?

1. Sim 2. Não

14. Se a sua resposta à QN 13 for "sim", em quanto?

1. 0-0,5 Ha 2. 0,5-1 Ha 3.1.0-1,5 Ha 4. 1,5-2 Ha 5. >2 Ha

15. Rendimento médio anual do agregado familiar em birr (de todos os meios de rendimento)

1. < 50005 . 20000-25000

2. 5000-100006 . 25000-30000

3. 10000-150007 . >30000

4. 15000-20000

B. Perceção da biodiversidade, sua importância e questões relacionadas com os meios de subsistência locais

16. Conhece a biodiversidade?

1. Sim2 . Não

17. Em caso afirmativo, diga-nos o que sabe sobre a biodiversidade e o seu papel? -----------------

18. Conheces a importância da biodiversidade?

1. Sim

2. Não

19. Em caso afirmativo, qual é a importância da biodiversidade?

1. A biodiversidade é uma fonte de serviços ecossistémicos,

2. São fontes de rendimento e de energia doméstica,

3. É importante como fonte de plantas medicinais e outros valores,

4. Importante pelos seus valores alimentares e outros?

5. Importante para reduzir a pobreza através da melhoria dos meios de subsistência,

6. Importante para a regulação do clima,

7. Importante para a melhoria da produção agrícola,

8. Importante pelo seu valor recreativo,

9. Importante para melhorar o turismo,

10. Outros --------------------

20. Onde é que vai buscar esse conhecimento?

1. Dos trabalhadores da KA, como os agentes de desenvolvimento,

2. Da rádio e de outras fontes de informação,

3. Formados no FTC por peritos distritais e da KA,

4. Formados por ONGs e outras organizações a nível distrital e de kebele,

5. Obtido de colegas que receberam formação de outras organizações,

6. outros

21. Considera que a biodiversidade tem benefícios directos para o agregado familiar?

1. Sim2 . Não

22. Em caso afirmativo, que benefícios obtém da biodiversidade?

1. Produtos florestais 2. alimentos para animais domésticos

3.alimentos4 .lenha

5. Água para animais domésticos humanos 6. plantas medicinais

7. outros (especificar)--------------------

23. Com que frequência utiliza os serviços ecosistémicos?

1. Nunca 2. Raramente 3. Frequentemente 4. Outros

24. A biodiversidade é considerada como fonte de rendimento na zona local?

1. Sim 2. Não

25. Em caso de resposta afirmativa à P 27, como avalia o rendimento da biodiversidade?

1. Satisfatório4 . Excelente

2. Bom5 . Não sei

3. Muito bom6 . Outros, especificar ------------------

26. Em caso afirmativo, que percentagem do seu rendimento provém de fontes de rendimento relacionadas com os recursos naturais?

(ou pode ser expresso em valores monetários)

a. 1-3% b. 3-5% c. 5-7%d . 7-10% e. >10%

27. Quem utiliza ou depende mais da biodiversidade?

1. Pobre de pobre4 . Rico

2. Pobre5 . Não sei

3. Médio

28. O rendimento da biodiversidade aumentou ou diminuiu?

1. Aumento 2. Diminuição

29. Se a resposta à pergunta nº 31 for negativa, porquê?

1. Perda de biodiversidade,

2. Melhoria da proteção da biodiversidade,

3. O conhecimento da comunidade local aumentou,

4. A aplicação da lei melhorou,

5. Melhoria dos rendimentos alternativos em vez da utilização da biodiversidade,

6. Outros (especificar) ---------------------------------------

30. Se a sua resposta à QNº 31 for "aumento", porquê?

1. As receitas do turismo aumentaram,

2. As novas opções de subsistência aumentam à medida que a biodiversidade melhora,

3. A produtividade agrícola melhorou com a redução da degradação dos solos e de outros factores,

4. A venda de produtos florestais aumentou,

5. Acesso a serviços ecossistémicos melhorados, tais como erva para o gado e outros recursos naturais,

6. Outros (especificar) --

31. Qual é o estado da biodiversidade no seu distrito?

1. Melhorado,

2. Degradado,

3. Como está, sem alterações

4. Não sei,

32. Se a sua resposta à QNo 34 for degradada, quais são as causas da perda de biodiversidade no seu distrito?

S.N.	Causas	Concordo plenamente (4)	Moderadamente Concordar (3)	Concordar (2)	Nenhum dos dois (1)	Não concordo (0)
1	Intervenção humana/pressão do aumento da população, invasão agrícola, etc.					
2	Desflorestação					

3	Sobrepastoreio					
4	Riscos naturais					
5	Incêndio florestal					
6	Outros					

33. Em que medida a comunidade local é afetada pela perda de biodiversidade?

1. Muito afetado 2. Moderadamente afetado 3. Impacto mínimo 4. Não foi afetado 5. Não sei

34. Quais são os impactos negativos da perda de biodiversidade?

S.N.	Lista de impactos	Concordo plenamente (4)	Moderadamente Concordar (3)	Concordar (2)	Nenhum (1)	Não concordo (0)
1	Redução da produção e da produtividade na agricultura					
2	Alterações climáticas adversas					
3	Perda e/ou redução dos serviços ecossistémicos e dos valores estéticos da biodiversidade					
4	Aumento dos custos de conservação, aquisição de factores de produção, etc.					
5	Outros					

35. Como é que a comunidade local atenua/aborda os impactos negativos da perda de biodiversidade?

1. Mudança das opções de subsistência da agricultura para outras?
2. Utilizar os recursos naturais como meio de rendimento e de alimentação,
3. Envolvidos em fontes de rendimento alternativas,
4. Alugam as suas terras,
5. Trabalhar por conta de outrem como trabalhador diário ,
6. Migrar para outros locais,
7. Dependem do apoio do PSNP e de outras ajudas,

8. outros (especificar) --

36. Quais são as opções alternativas de subsistência no seu distrito?

1. Pequenas transacções,

2. Turismo,

3. Prestação de serviços,

4. Engorda, apicultura, outros,

5. Outros (especificar) ------------------------------

C. **<u>Perguntas relacionadas com o Parque Nacional das Montanhas Simien</u>**

37. Qual é a distância entre a sua residência e o parque nacional? (Pode ser expressa em tempo

demora a deslocar-se da residência para o parque nacional)

38. De que forma o Parque Nacional das Montanhas Simen está relacionado consigo ou com a sua vida?

1. Não têm qualquer relação

2. Ter relação de uma forma ou de outra

39. Se a sua resposta à QN.39 for 2, com que frequência se desloca ao parque nacional e à sua zona tampão?

1. Frequentemente 2. Raramente 3. Nunca 4. Outros

40. Se a sua resposta à Q n.º 39 for 1 ou 2, com que objetivo se desloca ao parque nacional?

1. Para a agricultura, uma vez que as terras agrícolas se encontram no interior do parque nacional

2. Para o pastoreio de animais, uma vez que o terreno de pastagem se encontra no interior do parque nacional

3. Recolher diferentes produtos florestais para consumo doméstico

4. Recolher diferentes produtos florestais para venda

5. Para a caça

6. Para a recreação

7. Trabalhar como batedor, milícia local, guia local, cozinheiro,

8. Para serviços de aluguer de mulas,

9. Outro, especificar ---------------------------

41. Acha que a criação do parque nacional o afecta?

1. Sim (afectou negativamente) 2. Não (teve um impacto positivo)

42. Se a sua resposta à QNo 44 for afirmativa? Quais são os impactos negativos?

S.N.	Lista de impactos	Concordo plenamente (4)	Moderadamente Concordar (3)	Concordar (2)	Nenhum (1)	Não concordo (0)
1	Redução das terras agrícolas					
2	Redução do pastoreio livre/pastagem					
3	Acesso restrito aos serviços ecosistémicos					
4	Aumento do ataque de mamíferos selvagens (aumento do conflito entre humanos e animais selvagens)					
5	Outros					

43. Se a sua resposta à QN° 44 for "Não", que benefícios (impacto positivo) obtém a comunidade local?

S.N.	Lista de impactos	Concordo plenamente (4)	Moderadamente Concordar (3)	Concordar (2)	Nenhum (1)	Não concordo (0)
1	Aumento das oportunidades de emprego para a comunidade local					
2	Melhoria do estado da biodiversidade e					
	problemas de alterações climáticas moderadas					

3	Aumento das receitas do turismo					
4	Aumento da disponibilidade de serviços ecossistémicos para os utilizadores a jusante					
5	Outros					

44. Como é que compara a atual vulnerabilidade socioeconómica e dos meios de subsistência com a vulnerabilidade socioeconómica e dos meios de subsistência das comunidades locais no passado?

1. Aumento da vulnerabilidade 2. Redução da vulnerabilidade 3. Nenhuma alteração 4. Não sei

45. Se reduziu a vulnerabilidade, como?

1. Melhoria do estado da biodiversidade e moderação dos efeitos adversos das alterações climáticas
2. Diversificação das opções de subsistência e dos rendimentos
3. Aumento de novas oportunidades de emprego
4. Melhoria das instituições socioeconómicas,
5. Outros, especificar

D. Conceção experimental da escolha

Entrevistador: Agora leia o Cenário de Escolha aos seus inquiridos. Certifique-se de que eles prestam atenção à sua descrição

O cenário da experiência de escolha

Nesta experiência, o objetivo é dar uma breve descrição do conjunto de escolha que será fornecido e investigar as escolhas dos inquiridos relativamente a várias medidas que afectam a biodiversidade do parque e da sua zona tampão em termos do estado da fauna e da flora, dos serviços ecossistémicos, do desenvolvimento do turismo e das instalações turísticas e de outras medidas de conservação. Aqui, pedimos-lhe que considere estes factores e os custos de execução das diferentes medidas nas perguntas de escolha que se seguem. Mas para as perguntas que se seguem, não se esperam respostas "erradas" ou "correctas". O que é pedido é a prioridade que atribui às diferentes opções/planos fornecidos e pede-se-lhe que escolha a sua opção preferida. Por favor! Tenha cuidado ao considerar os atributos: *fauna e flora, serviços ecossistémicos, e turismo e instalações,* assuma que os níveis destes atributos são independentes uns dos outros. Assinale o plano preferido como se fosse a única escolha que faz. Se mudar de ideias, pode voltar atrás e alterar a(s) sua(s) escolha(s) anterior(es).

Suponhamos que o governo tem a intenção de tomar medidas susceptíveis de atenuar os problemas de degradação da biodiversidade no parque nacional e nas suas imediações e de assegurar o desenvolvimento, a conservação e a utilização sustentável dos recursos do parque e das suas imediações. Para o conseguir, existem fundamentalmente três áreas em que o governo planeia melhorar o estado da biodiversidade do parque e os seus serviços. São elas:

1. **Melhoria da fauna e da flora:** Este programa foi concebido em resposta ao declínio das espécies da vida selvagem (fauna e flora), em especial da vida selvagem endémica, como o íbex de Walia, o lobo da Etiópia e outros mamíferos, como Gelada Babon, Minilik Dikula, Lamarger, etc. Assim, o plano consiste em melhorar o número e o estado das espécies da fauna e da flora, bem como os seus habitats, no PNS e nas suas imediações, em especial a vida selvagem ameaçada, como o íbex de Walia e o lobo da Etiópia, através da criação de corredores de vida selvagem, do alargamento da área central, da criação de uma zona-tampão, da redução do sobrepastoreio, da melhoria da aplicação da lei, da reflorestação com árvores indígenas e de outras medidas de conservação, como a conservação do solo e da água, a construção de estruturas físicas, a proteção biológica, etc.

2. **Serviços Ecossistémicos**: Este plano foi concebido para resolver o problema do declínio da quantidade de recursos ambientais e do número de serviços ecossistémicos obtidos a partir do ecossistema devido a problemas induzidos pelo homem, tais como a invasão agrícola, a desflorestação, o sobrepastoreio e outros problemas. Devido a este problema, a disponibilidade e a acessibilidade dos serviços ecossistémicos para uso doméstico diminuíram. Este programa envolve a florestação da paisagem, a realização de trabalhos de conservação e reabilitação em áreas degradadas e a conservação da cobertura da biodiversidade existente. Assim, este programa ajuda a melhorar o estado da biodiversidade e a melhorar o processo de recuperação das bacias hidrográficas e a qualidade do parque em termos de restauração dos conteúdos bióticos (como diferentes tipos de aves endémicas e vida selvagem) da área. Além disso, este programa melhora os recursos hídricos e outras funções ecológicas e hidrológicas, tanto para a população a jusante como para outras pessoas

3. **Turismo e instalações:** Este programa foi concebido para melhorar os serviços turísticos e as diferentes instalações, incluindo as infra-estruturas e outras, para os turistas, com o objetivo de melhorar as receitas do turismo. Assim, este programa foi concebido para ser aplicado através do desenvolvimento das infra-estruturas, da melhoria dos serviços turísticos e da melhoria de todas as instalações com base nas normas e nos interesses do turista. Por conseguinte, o desenvolvimento e a melhoria dos serviços turísticos são fundamentais para aumentar o número e a satisfação dos turistas, o que tem uma relação direta com as receitas geradas pelo sector. Assim, o

desenvolvimento da qualidade recreativa do local, como as infra-estruturas, os hotéis (lodges), as instalações de repouso, as instalações de informação, etc., pode aumentar a satisfação do turista e, por conseguinte, as receitas do turismo; assim, será uma fonte de receitas fiável para a comunidade local.

No entanto, todos estes planos requerem dinheiro e esforços consideráveis para serem implementados como planeado. Para implementar estes programas para a melhoria do ambiente, as autoridades competentes conceberão estratégias alternativas. Para além disso, a comunidade local, a comunidade internacional e outras organizações terão de pagar uma certa quantia de dinheiro sob a forma de imposto para a comunidade e de taxa de conservação para os outros (turistas e outras organizações). Este pagamento ajudará o governo a melhorar a participação da comunidade local na conservação, a melhorar as infra-estruturas e as instalações que melhoram a qualidade e a quantidade de serviços do parque nacional.

Parte-se do princípio de que todos estes programas serão executados e que as verbas previstas serão gastas para melhorar o estado da biodiversidade, melhorar o ecossistema e aumentar a qualidade do parque nacional em termos de recuperação da fauna e da flora, melhorar os serviços turísticos e as instalações turísticas e reforçar os serviços existentes.

Entrevistador: Agora mostre os cartões do conjunto de escolha e explique o que representam. Certifique-se de que eles prestam atenção à sua descrição e ajude-os a esclarecer qualquer dúvida.

Dos três planos abaixo, qual dos seguintes planos prefere para cada conjunto de opções?

Conjunto de escolha 1

Atributos	**Plano um**	**Plano dois**	**Status quo**
Fauna e Flora	Melhoria de nível médio da fauna e da flora (em 30 %)	Melhoria de nível médio da fauna e da flora (em 30 %)	Nenhuma medida de melhoria
Serviços ecossistémicos	Todos os serviços ecossistémicos devem ser restaurados	Alguns serviços ecossistémicos que têm um impacto direto devem ser restaurados	Sem alterações
Turismo e instalações	Desenvolvimento das infra-estruturas, melhoria das instalações, melhoria	O desenvolvimento das infra-estruturas e algumas instalações devem ser	Sem alterações

	da qualidade dos serviços	melhorados	
Pagamento monetário	birr 75	birr 75	Sem pagamento
Escolher uma, assinalando com um sinal (√)	[ ]	[ ]	[ ]

Conjunto de escolha 2

Atributos	**Plano um**	**Plano dois**	**Status quo**
Fauna e Flora	Melhoria de alto nível da fauna e da flora (em 50%).	Melhoria de nível médio da fauna e da flora (em 30 %)	Nenhuma medida de melhoria
Serviços ecossistémicos	Alguns serviços ecossistémicos que têm um impacto direto devem ser restaurados	Todos os serviços ecossistémicos devem ser restaurados	Sem alterações
Instalações turísticas e recreativas	O desenvolvimento das infra-estruturas e algumas instalações devem ser melhorados	O desenvolvimento das infra-estruturas e algumas instalações devem ser melhorados	Sem alterações
Pagamento monetário	Birr 75	Birr 100	Sem pagamento
Escolher uma, assinalando com um sinal (√)	[ ]	[ ]	[ ]

Conjunto de escolha 3

Atributos	**Plano um**	**Plano dois**	**Status quo**
Fauna e Flora	Melhoria de alto nível da fauna e da flora (em 50%).	Melhoria de nível médio da fauna e da flora (em 30 %)	Nenhuma medida de melhoria
Serviços ecossistémicos	Alguns serviços ecossistémicos que têm um impacto direto devem ser	Alguns serviços ecossistémicos que têm um impacto direto devem ser	Sem alterações

	restaurados	restaurados	
Instalações turísticas e recreativas	O desenvolvimento das infra-estruturas e algumas instalações devem ser melhorados	Desenvolvimento das infra-estruturas, melhoria das instalações, melhoria da qualidade dos serviços	Sem alterações
Pagamento monetário	100 Birr	100 Birr	Sem pagamento
Escolher uma, assinalando com um sinal (√)	[ ]	[ ]	[ ]

Conjunto de escolha 4

Atributos	**Plano um**	**Plano dois**	**Status quo**
Fauna e Flora	Melhoria de alto nível da fauna e da flora (em 50%).	Melhoria de alto nível da fauna e da flora (em 50%).	Nenhuma medida de melhoria
Serviços ecossistémicos	Todos os serviços ecossistémicos devem ser restaurados	Todos os serviços ecossistémicos devem ser restaurados	Sem alterações
Instalações turísticas e recreativas	O desenvolvimento das infra-estruturas, a melhoria das instalações e a qualidade dos serviços devem ser melhorados.	O desenvolvimento das infra-estruturas e algumas instalações devem ser melhorados	Sem alterações
Pagamento monetário	75 Birr	75 Birr	Sem pagamento
Escolher uma, assinalando com um sinal (√)	[ ]	[ ]	[ ]

Conjunto de escolha 5

Atributos	**Plano um**	**Plano dois**	**Status quo**
Fauna e Flora	Melhoria de nível médio da fauna e da flora (em 30	Melhoria de alto nível da fauna e da flora (em	Nenhuma medida de

	%)	50%).	melhoria
Serviços ecossistémicos	Todos os serviços ecossistémicos devem ser restaurados	Todos os serviços ecossistémicos devem ser restaurados	Sem alterações
Instalações turísticas e recreativas	Desenvolvimento das infra-estruturas, melhoria das instalações, melhoria da qualidade dos serviços	Desenvolvimento das infra-estruturas, melhoria das instalações, melhoria da qualidade dos serviços	Sem alterações
Pagamento monetário	100 Birr	100 Birr	Sem pagamento
Escolher uma, assinalando com um sinal (√)	[ ]	[ ]	[ ]

Perguntas de acompanhamento para o modelo de escolha experimental

Qual das seguintes afirmações descreve melhor a razão da sua escolha dos planos?

1. As medidas propostas eram boas, mas eu não tinha capacidade para as pagar e, por isso, optei pelo status quo.

2. Escolhi a opção do status quo devido a uma objeção ao montante da taxa de conservação.

3. Escolhi exclusivamente o plano mais barato, independentemente dos seus níveis.

4. Considerei que a melhoria do atributo biodiversidade/fauna e flora é importante e, por conseguinte, dei prioridade à escolha do nível mais elevado deste atributo.

5. Considerei que o atributo serviço ecossistémico é importante e, por isso, dei prioridade à escolha do nível mais elevado deste atributo.

6. Considerei que a melhoria do atributo "serviços turísticos" é importante e, por conseguinte, dei prioridade à escolha do melhor atributo.

Printed by Books on Demand GmbH, Norderstedt / Germany